DER WOLF

MYTHOS UND WAHRHEIT

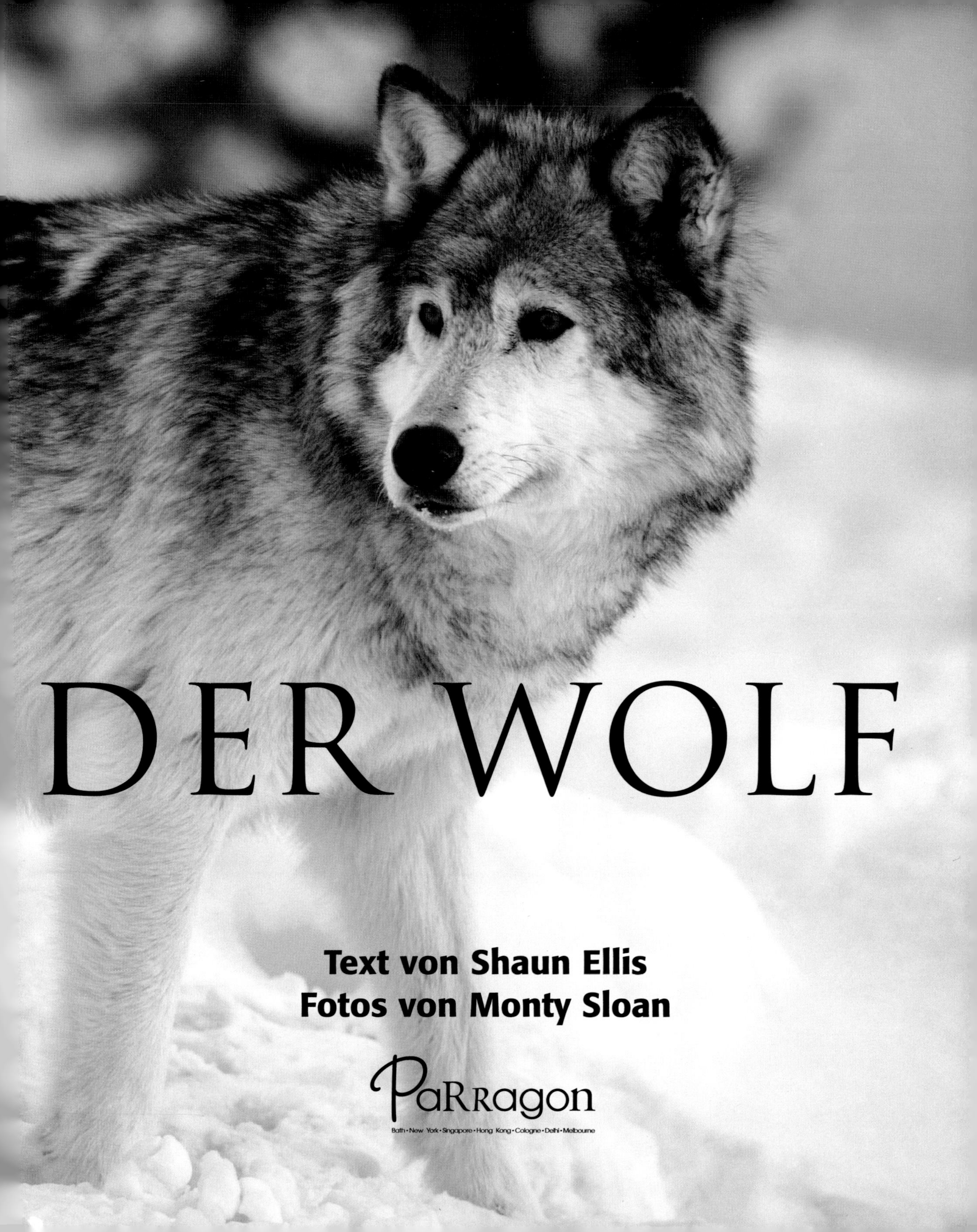

DER WOLF

Text von Shaun Ellis
Fotos von Monty Sloan

Parragon
Bath • New York • Singapore • Hong Kong • Cologne • Delhi • Melbourne

Entwurf und Realisation: Stonecastle Graphics Limited

Übersetzung aus dem Englischen: Dr. Marion Pausch

Satz und Redaktion: Gerdi Killer für bookwise Gmbh, München
Koordination: trans texas GmbH, Köln

ISBN: 978-1-4454-1019-7

Printed in Indonesia

Der Autor

Schon früh begeisterte sich Shaun Ellis für Wölfe und träumte davon, mit ihnen zusammen in der Wildnis zu leben. Er ahnte nicht, dass sein Wunsch eines Tages in Erfüllung gehen würde. Als Junge vom Land interessierte er sich zunächst für Füchse und verbrachte viel Zeit damit, sie zu beobachten. Später beschloss er, nach Nordamerika zu gehen und dort das Leben der Wölfe aus nächster Nähe zu studieren. Er lernte, ihr Heulen und Knurren nachzuahmen, und wurde von einem Rudel als Mitglied akzeptiert. Auf diese Weise erfuhr er faszinierende Details und erhielt seltene Einblicke in das Leben der Wölfe.

Der Fotograf

Monty Sloan studierte Geologie an der University of California, Berkeley, und begeistert sich seit langem für die Natur, vor allem für Wölfe und ihre Verhaltensweisen. Sein Interesse an dieser Tierart, gepaart mit seinem Faible für die Fotografie, führte dazu, dass er seine Leidenschaft zum Beruf machte. Als Fotograf versucht er, jeden Aspekt des Rudellebens mit der Kamera einzufangen. Doch frei lebende Wölfe sind scheu, sehr wachsam und oft schwer zu beobachten. Es ist fast unmöglich, sie auf einer persönlichen, intimen Ebene zu fotografieren. Monty Sloan beschloss deshalb, mit Wölfen zu arbeiten, die an Menschen gewöhnt waren. Er wurde Verhaltensforscher und Fotograf im Wolf Park bei Battle Ground, Indiana. In Laufe seiner 20-jährigen Tätigkeit trug er die weltweit wohl größte Sammlung von Wolfsbildern zusammen. Seine Aufnahmen sind in zahlreichen Büchern und Zeitschriften in Europa sowie in Nord- und Südamerika erschienen.

INHALT

VERWANDTE SEELEN
Vorwort des Autors Shaun Ellis
Seite 6

VOR DER KAMERA
Vorwort des Fotografen Monty Sloan
Seite 8

DER GEIST DER WÖLFE
Seite 10

DER MYTHOS WOLF
Seite 20

DAS RUDEL
Seite 34

AUF DER JAGD
Seite 106

FORTPFLANZUNG
Seite 180

SCHUTZMASSNAHMEN
Seite 246

REGISTER
Seite 256

Foto © Angela Curtis

VERWANDTE SEELEN

Ich wuchs in einer ländlichen Gemeinde auf, in der es nur wenige Kinder gab. Also freundete ich mich mit den Tieren in meiner Umgebung an und verbrachte viele Nächte im Wald. Am liebsten schloss ich mich Füchsen und Dachsen an, die mir zutraulich und ohne jegliche Angst begegneten. Viele Jahre lang genoss ich das Privileg, sie im Familienverband zu erleben und ihr Verhalten in allen Details zu beobachten.

Wie kam nun aber der junge Mann aus dem britischen Norfolk, der ich war, dazu, in Idaho, am Fuß der Rocky Mountains, unter der Führung von Indianern aus dem Volk der Nez Percé das Verhalten von Wölfen zu studieren? Harte Arbeit spielte dabei ebenso eine Rolle wie Beharrlichkeit und die Begegnung mit einem indianischen Biologen in einem Seminar über Wölfe. Ich überredete ihn, mich als freiwilligen Mitarbeiter zu engagieren. Tagsüber arbeitete ich mit ihm, nachts beobachtete ich auf eigene Faust Wölfe und erntete auf diese Weise allmählich die Anerkennung der Nez Percé.

Hier im tiefen Schnee Idahos begriff ich, dass ich am meisten über Wölfe lernen würde, wenn ich mit ihnen lebte. Ich wollte versuchen, mich einem frei lebenden Rudel anzuschließen – als rangniederes Mitglied, denn nur in dieser Position würden die Wölfe bereit sein, mir etwas über ihre Gemeinschaft beizubringen.

Heute arbeite ich mit gefangenen Wölfen im Wolf Pack Management, Combe Martin, Devon. Im Zuge unserer Verhaltensstudien entdecken meine Kollegen und ich immer wieder neue Facetten dieser faszinierenden Tiere. Ich hoffe, dass ich durch mein Wissen zum Schutz der Wölfe beitragen kann, damit auch zukünftige Generationen sie beobachten und bewundern können.

Shaun Ellis

Foto © Paul Herbert

VOR DER KAMERA

Obwohl ich an der Universität Geologie studierte, inspirierten mich Wölfe bald mehr als Gesteine, und so begann ich, mich intensiver mit diesen faszinierenden Tieren zu beschäftigen. Aus meiner Leidenschaft am Fotografieren wurde schließlich mein Beruf, und eines meiner Lieblingsmotive ist der Wolf.

Diese beeindruckende Tierart ist nach wie vor bedroht und vielerorts bereits ausgestorben. Und das, obwohl man sie über Jahrzehnte hinweg in Gefangenschaft und in freier Wildbahn beobachtet hat, obwohl in den Rocky Mountains erfolgreiche Wiederansiedlungsprogramme durchgeführt wurden, obwohl eine breitere Öffentlichkeit Wölfen und Raubtieren generell Sympathien entgegenbringt und obwohl bislang nur sehr wenige Menschen durch einen Raubtier- bzw. Wolfsangriff ums Leben gekommen sind.

Bereits seit 1988 bemühe ich mich um die Erhaltung der Art und die Verbesserung ihres schlechten Rufes. Ich arbeite im Wolf Park, Indiana (USA), als Hundeführer, Dozent, Forscher und Fotograf. In diesem Park leben mehrere Rudel, und ein Teil des Erlöses aus dem Verkauf meiner Bilder geht an den Park, damit er auch weiterhin Aufklärung betreiben kann. Im Rahmen meiner Arbeit mit gefangenen Wölfen bin ich den Tieren sehr nahe gekommen. So konnte ich sie etwa auch bei Verhaltensweisen fotografieren, die ich in freier Wildbahn nur mit größter Mühe hätte aufnehmen können.

Feldforschungen, insbesondere im Yellowstone-Nationalpark, belegen, dass dem Wolf im Ökosystem eine Schlüsselfunktion zukommt. Trotzdem wird er immer noch als Unheilbringer gefürchtet und missverstanden. Ich kann nur hoffen, dass wir die Wölfe irgendwann als das akzeptieren, was sie sind, anstatt Angst vor etwas zu haben, was sie nicht sind.

Monty Sloan

DER GEIST DER WÖLFE

Wölfe haben den Menschen schon immer fasziniert, aber auch tiefe Urängste ausgelöst. Die Beziehung zwischen Wolf und Mensch, die in vielen Mythen, Legenden, Fabeln und Erzählungen geschildert wird, ist zugleich uralt und höchst komplex. Ob Furcht einflößende Märchen wie *Rotkäppchen* oder Gruselgeschichten von Menschen, die sich bei Vollmond in Werwölfe verwandeln – die Tiere gelten traditionell als gewitzte Räuber, zugleich aber als geradezu übernatürliche Ungeheuer.

Wie aber sieht die sanftere Seite ihrer Natur aus? In vielen Kulturen erzählt man von Wölfen, die verlorene Waisenkinder großzogen. Diese alten Mythen legen – ebenso wie neuere Erzählungen nach Art von Kiplings *Dschungelbuch* – nahe, dass Wölfe ausgeprägte „erzieherische Fähigkeiten" besitzen. Dieser Ansicht sind heute auch viele Verhaltensforscher; sie gehen sogar davon aus, dass neben dem Menschen nur einige Primatenarten ihren Nachwuchs so sorgfältig auf- und erziehen.

Zu den ältesten Legenden, die von einem solchen Verhältnis zwischen Wolf und Mensch berichten, gehört die Sage von Romulus und Remus aus römischer Zeit. Angeblich warf König Amulius die beiden Söhne seiner Nichte, der Vestalischen Jungfrau Rhea Silvia, und des Gottes Mars in einem Körbchen in den Tiber, da er um seinen Thron fürchtete. Die Zwillinge wurden ans Ufer getrieben, wo eine Wölfin ihre Schreie hörte und sie säugte. Später zog ein Hirte des Königs sie groß, und schließlich gründeten die jungen Männer die Stadt Rom.

Die Mythologie erzählt von vielen Wölfen, die verwaiste oder verirrte Kinder aufzogen. Diese Geschichten sind Ausdruck einer positiven Haltung den Tieren gegenüber. Leider rücken andere Erzählungen den Wolf in ein schlechteres Licht. Sie sind für das angstbesetzte

Bild verantwortlich, das in Europa vorherrschte und den Wolf im Laufe der Jahrhunderte fast bis an den Rand der Ausrottung brachte.

So berichtet die Legende zum Beispiel von Gévaudan, einer riesigen Bestie, die Mitte des 18. Jahrhunderts in der französischen Auvergne angeblich innerhalb von drei Jahren mehr als 100 Menschen tötete. Sie soll so schrecklich gewesen sein, dass König Ludwig XV. Soldaten ausschickte, um sie zu erledigen. Tatsächlich machte man einen großen Wolf nieder, doch die Angriffe gingen weiter, bis zwei weitere Wölfe gefunden waren. Auch sie hielt man für das Ungeheuer.

Heute nähren Horrorfilme das Bild des Wolfes als Verkörperung des Bösen. Sie setzen wolfsähnliche Kreaturen in Szene, die sich bei Vollmond verwandeln und nach menschlichem Blut dürsten. Der traditionelle Ruf des Wolfes als gefährlicher Killer wird also nach wie vor untermauert. Eine neuere Studie, die Kinder nach ihrer Meinung zu Wölfen befragte, kam aber zu dem überraschenden Ergebnis, dass sie sich stärker vor dem Heulen als vor den Tieren selbst fürchten. Offenbar sind ihnen diese durch moderne Dokumentarfilme und Naturbücher inzwischen vertrauter geworden.

Tatsächlich gibt es kaum handfeste Belege für Angriffe frei lebender Wölfe auf Menschen. Wenn die Tiere sich Menschen gegenüber aggressiv verhalten, leiden sie in der Regel unter Krankheiten wie der Tollwut. Und Wölfe in Gefangenschaft attackieren ihre Halter vor allem dann, wenn sie schlecht behandelt werden.

Indianische Legenden erzählen von einem heiligen Bündnis zwischen Wölfen und Menschen, in dem jeder versprach, des anderen Familie und Land zu respektieren. Die Wölfe haben ihre Vereinbarung bis heute im Wesentlichen eingehalten, während der Mensch die Tiere vielerorts systematisch vernichtet hat.

Dank der unermüdlichen Arbeit von Tierschützern und Verhaltensforschern weiß man heute mehr über das Wesen des Wolfes und seine wichtige Rolle innerhalb der Natur. Da immer mehr Wildnisgebiete durch Erschließungsmaßnahmen zerstört werden, verlieren die Tiere ihren natürlichen Lebensraum. In Regionen, in de-

nen sie stark bedroht waren, konnten die Wölfe nur durch die Einrichtung von Schutzgebieten überleben.

Im vorliegenden Band lernt der Leser die geheime Welt der Wölfe mit den Augen von Shaun Ellis zu sehen, dem Indianer des Stammes Nez Percé die geheimen Fährten der Wölfe offenbarten. Der Autor selbst lebte lange Zeit mit Wölfen in freier Natur und beobachtete sie über viele Jahre hinweg.

Monty Sloans bemerkenswerte Fotografien zeigen die Welt der Wölfe aus der Sicht des Rudels und vermitteln einzigartige Einblicke in das Leben und Verhalten dieser faszinierenden Tiere.

Starker Beschützer

Einer indianischen Legende zufolge schützen weiße Wölfe jeden, der sie erblickt oder der von ihnen träumt. Die Indianer respektieren unter anderem die starken Familienbande der Wölfe.

Futter für den Nachwuchs

Frei lebende Wölfe sind fast immer von Hunger bedroht. Dennoch bringen die erwachsenen Tiere ihren Jungen stets Futter, denn für sie zählt letztendlich die Erhaltung der Art.

Zoologen und Verhaltensforscher preisen die Fähigkeiten der Wölfe als Eltern. Ihrer Ansicht nach pflegen und erziehen ansonsten nur Menschen und einige wenige Primatenarten ihre Jungen so sorgsam wie die Wölfe.

Schule der Wölfe

Ein so genannter Babysitter „erzieht" die jungen Wölfe. Es wird vom Alphaweibchen vor der Geburt der Welpen ausgewählt und übernimmt deren Pflege und Erziehung, sobald sie im Alter von vier bis sechs Wochen entwöhnt sind. Das Alphaweibchen kann sich dann wieder auf die Führung des Rudels konzentrieren.

Riskanter Angriff

Wenn Wölfe große Beutetiere jagen, laufen sie stets Gefahr, sich zu verletzen. Der Tritt eines Bisons oder der Geweihstoß eines Hirsches kann fatale Folgen haben. Erwachsene Wölfe verwenden Geweihe und Beine toter Tiere, um den Welpen spielerisch Vermeidungstaktiken beizubringen.

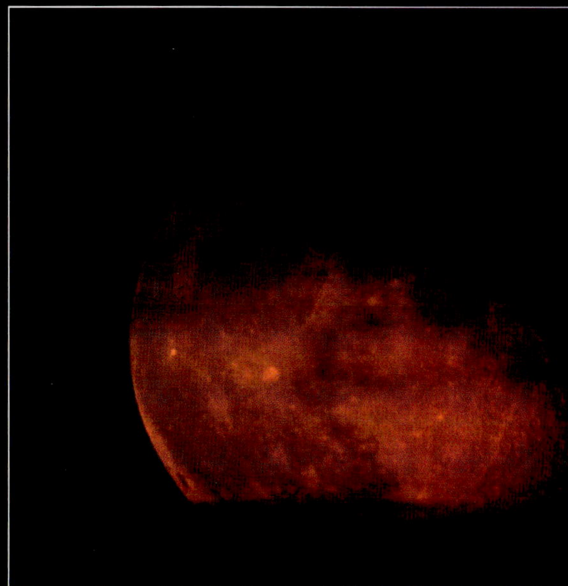

Der Stoff, aus dem Legenden sind
Bilder wie dieses, auf dem ein Wolf den Vollmond anheult, haben die Vorstellung der Menschen geprägt. Horrorgeschichten zeichnen Wölfe oft als gefährliche, blutdurstige Killer.

Eine neuere Studie, die die Einstellung von Kindern zu Wölfen untersuchte, ergab, dass diese sich stärker vor dem Heulen als vor den Tieren selbst fürchten.

DER MYTHOS WOLF

Von den nördlichen Rocky Mountains in Nordamerika bis hin zu den Karpaten in Osteuropa rankten sich Erzählungen und Aberglauben um die Wölfe, wo immer sie auftauchten. Einige führten dazu, dass die Tiere in bestimmten Gegenden systematisch vernichtet wurden. In anderen Kulturen, etwa denen der amerikanischen Ureinwohner, wurden Wölfe dagegen fast wie Götter verehrt.

INDIANISCHE KULTUR

Der Indianerstamm der Schoschonen glaubte, Kojoten und Wölfe hätten die Welt geschaffen und die Geister verstorbener Stammesmitglieder würden nach deren Tod ins Reich der Kojoten eingehen. Wölfe würden die Pfade bewachen, über die die Toten schritten, deren Seelen aufwecken und sie im Fluss reinigen. Erst im Anschluss an diese Prozedur könnte der gereinigte Geist die ewigen Jagdgründe betreten.

Da die Bevölkerung stetig zunahm, flohen die Wölfe in entlegene Bergregionen. Die amerikanischen Ureinwohner verehrten und achteten sie dafür nur umso mehr und beobachteten die Tiere genau, um sie besser zu verstehen und von ihrer Weisheit zu lernen. Sie betonen noch heute, dass sie von den Wölfen viel über das Zusammenleben in großen Familienverbänden und über die Bedeutung sozialer Strukturen gelernt haben – sie respektierten ihre Häuptlinge, ebenso wie die Rudelmitglieder die Entscheidungen der Alphawölfe akzeptieren.

Weil Wölfe besonders geschickt darin sind, neue Gebiete zu entdecken und sich ihren Weg durch unwegsames Gelände zu bahnen, bezeichnen die Indianer sie als „Pfadfinder". Einheimische Jäger entdeckten oft Elche und Bisons, indem sie den Spuren der Wölfe folgten, denn diese spürten dank ihres ausgeprägten Geruchssinns und ihres hervorragenden Gehörs Beute oft lange vor ihnen auf. Wenn die Indianer dann Großwild töte-

ten, ließen sie stets ein wenig Fleisch als Dank für ihre Helfer, die Wölfe, zurück. Die Indianer der Great Plains glaubten, dass sie große Krieger werden würden, wenn sie die Jagdtechniken der Wölfe beherrschten. Das Zeichen für die Pawnee, einen der gefürchtetsten Stämme der Ebenen, war dasselbe wie das für „Wolf". Die Lakota respektierten und verehrten vor allem die Loyalität der Wölfe zu ihren Jungen und ihrer Familie. Bevor sie selbst auf die Jagd gingen, schmierten sie sich rote Farbe auf den Mund, um damit einen Wolf zu imitieren, der Beute verzehrt.

Indianer und Wölfe hatten ein Bündnis geschlossen – sie unterstützten sich gegenseitig. Doch als die Europäer Nordamerika zu kolonisieren begannen, töteten sie die Wölfe in großer Zahl. Viele Stämme empfanden dies als Verletzung des Paktes. Die Blackfoot und Lakota glaubten, dass ein Gewehr, mit dem ein Wolf erschossen wurde, niemals mehr richtig trifft.

Viele indianische Legenden handeln davon, wie Menschen sich in Tiere verwandeln. Einer alten Geschichte zufolge entdeckte eine Indianerin ein Wolfsjunges, das allein und am Verhungern war. Sie trug es in ihr Lager, fütterte es und wärmte es in ihrem Zelt. Der Wolf wuchs rasch heran, und die beiden wurden unzertrennliche Freunde. Eines Morgens gingen sie zum Fluss hinunter, um zu trinken. Im weichen Uferschlamm sah die Frau, wie ihre Spuren vom Vorabend, Spuren eines Menschen und eines Wolfs, sich in die Fährten von zwei Wölfen verwandelt hatten. Verwirrt suchte die Frau den Rat des Häuptlings, der ihr sagte, als Dank für das ge-

Gereinigter Geist

Die Liebe der Wölfe zum Wasser geben auch indianische Erzählungen wieder. So sollen Wölfe den Pfad bewachen, über den die Toten wandeln, und deren Seelen im Wasser waschen. Erst dann kann der gereinigte Geist in die ewigen Jagdgründe eingehen.

rettete Leben habe der Wolf ihr die Gabe verliehen, als Mensch und als Wolf zu leben. An jenem Abend saß sie mit ihrem Gefährten am Ufer, und als sie auf das Wasser schaute, erblickte sie das Spiegelbild einer Wölfin.

EUROPÄISCHE KULTUR

Über Jahrhunderte haben Wölfe die Vorstellung unterschiedlicher Kulturen geprägt. In europäischen Märchen und Sagen tauchen sie ebenfalls häufig auf. Mehrere Fabeln von Äsop (um 600 v. Chr.) handeln von der Schlauheit des Wolfs. Mit am bekanntesten ist *Der lügenhafte Hirte:* Ein Hirte hatte schon häufig falschen Alarm geschlagen. Als er wieder einmal um Hilfe rief, kümmerten sich die Dorfbewohner nicht mehr um sein Geschrei, und er musste hilflos mit ansehen, wie Wölfe seine Schafherde überfielen.

Es gibt nicht nur Geschichten von Wölfen, die sich als Menschen verkleiden, sondern auch solche von Menschen, die sich in Wölfe verwandeln. In einer Reihe von Kulturen kennt man „Wer"-Kreaturen, die sich oft auf das gefährlichste Tier beziehen, das in der Region lebt. In Indien erzählt man von „Wertigern", in Afrika von „Werleoparden", im mittelalterlichen Europa von „Werwölfen". Die Vorsilbe „Wer" stammt aus dem Altenglischen und bedeutet „Mann" – ein Werwolf ist also ein „Mannwolf", ein Wesen halb Mensch, halb Wolf.

Angeblich gab es Menschen, die freiwillig zu Wölfen wurden und dafür einen Pakt mit dem Teufel schlossen. Die meisten Verwandlungen fanden bei Vollmond statt. Werwölfe griffen, so glaubte man, Menschen und Tiere an und fraßen sie, ehe sie sich bei Tagesanbruch zurückverwandelten. Man berichtete auch von erblichem „Werwolftum". So wurde in Griechenland jeder, der unter Epilepsie litt, verdächtigt, ein Werwolf zu sein.

Die Werwolfmythen können verschiedene Ursprünge haben. So wurde vermutlich ein Mensch, der vor rund 800 Jahren in den riesigen Wäldern Europas hauste, leicht für einen Wolf oder Werwolf gehalten. Als Indizien dafür galten zurückweichendes, blutendes Zahnfleisch und eine übermäßig starke Behaarung. Doch dies sind Zeichen starker Mangelernährung, die zu jener Zeit bei den Armen an der Tagesordnung gewesen sein dürfte. Leute, die aus der Dorfgemeinschaft ausgestoßen wurden, mussten ihre Nahrung mühsam zusammensuchen und bewegten sich deshalb möglicherweise ähnlich wie Wölfe, wenn sie Beute jagten. Auch trugen

Sichere Pfade

Wölfe streifen gern auf wohlbekannten Pfaden durch ihr Revier. Diese Wege werden täglich markiert und bieten auf diese Weise Sicherheit, denn ein Angriff rivalisierender Rudel ist hier höchst unwahrscheinlich.

sie meist Wolfsfelle, die besonders gut vor der Kälte schützten. Einer anderen Theorie zufolge könnte die schlechte Lagerung von Korn dazu geführt haben, dass sein Verzehr Halluzinationen auslöste. Der Genuss einer ganz gewöhnlichen Scheibe Brot, die verdorbenen Roggen enthielt, könnte so einen Werwolf vor das Auge des Essers „gezaubert" haben.

Heute kennen wir Phänomene wie die Lykanthropie, eine Form der Schizophrenie, bei der der Patient sich für ein wildes Tier – oft einen Wolf oder Werwolf – hält. Die Kranken knurren und schnüffeln oder verbeißen sich in Möbelstücke wie in Beutetiere.

Zu den berühmtesten Wolfsgeschichten gehört die des Franz von Assisi und des Wolfs von Gubbio, die sich in den *Blümlein des hl. Franziskus* findet, einer anonymen Sammlung von Legenden um den Heiligen aus dem 14. Jahrhundert. Die Geschichte erzählt, wie der hl. Franziskus einen großen Wolf zähmte, der die Be-

Im Schutz der Dunkelheit
Wölfe jagen nachts und halten sich tagsüber meist versteckt. Mit diesem Verhalten nähren sie Legenden und Gruselgeschichten. In Wirklichkeit sind Wölfe zwar sehr klug, aber auch sehr scheu und vermeiden auf diese Weise weitestgehend Begegnungen mit dem Menschen.

wohner der umbrischen Stadt Gubbio in Angst und Schrecken versetzte. Als Franziskus in die Stadt kam, berichtete man ihm von einem Wolf, der so ausgehungert war, dass er nicht nur Vieh, sondern auch Menschen tötete und verschlang. Die Leute trauten sich kaum noch aus der Stadt, und der hl. Franziskus bekam Mitleid, nicht nur mit ihnen, sondern auch mit dem Wolf. Er beschloss daher, hinauszugehen und den Wolf zu suchen. Die Städter warnten vergeblich vor der drohenden Gefahr – Franziskus vertraute darauf, dass Gott ihn beschützen würde. In Begleitung eines tapferen Mönches und mehrerer Bauern begab er sich vor das Stadttor. Doch die Bauern bekamen sogleich Angst und weigerten sich, noch einen Schritt weiterzugehen. So machten sich Franziskus und der Mönch allein auf den Weg. Plötzlich sprang ein Wolf mit weit geöffnetem Maul aus dem Wald heraus. Franziskus schlug ein

Kreuz, und sofort beruhigte sich der Wolf. Nun sprach der Heilige zu dem Tier: „Komm her zu mir, Bruder Wolf, ich will dir nichts Böses", und der Wolf senkte den Kopf und legte sich zu Füßen des hl. Franziskus nieder. „Bruder Wolf", fuhr dieser fort, „ich möchte, dass du mit den Bewohnern der Stadt Frieden schließt. Sie werden dir nichts mehr anhaben, und auch du wirst ihnen nicht mehr schaden. Dann werden dir alle Sünden früherer Zeiten vergeben."

Zum Zeichen seiner Zustimmung nickte der Wolf mit dem Kopf. Mittlerweile hatte sich eine Menschenmenge versammelt, und der hl. Franziskus bat den Wolf, den Vertrag zu besiegeln. Er streckte seine Hand aus, und der Wolf legte seine Pfote hinein. Dann lud Franziskus das Tier ein, mit ihm in die Stadt zu kommen. Als sie den Marktplatz erreichten, strömten die Menschen herbei, um das Wunder zu sehen. Der Heilige forderte die Leute auf, Frieden mit dem Wolf zu schließen. Sie versprachen, den Wolf zu füttern, und der hl. Franziskus fragte den Wolf, ob er sich vorstellen könne, unter diesen Bedingungen zu leben. Der Wolf senkte als Zeichen seines Einverständnisses den Kopf. Alle waren nun davon überzeugt, dass der Wolf das Bündnis einhalten würde.

Seither lebten die Bewohner von Gubbio und der Wolf in gutem Einvernehmen. Der Wolf wurde gefüttert, und als er schließlich an Altersschwäche starb, waren die Leute sehr traurig. Das friedliche Verhalten des Wolfs hatte sie stets an die Nachsicht und Gottesfürchtigkeit des Heiligen erinnert. So hatte Franziskus ihnen beigebracht, den Wolf zu akzeptieren, und in gleichem Maße hatte der Wolf auch sie akzeptiert.

Tiefe Achtung vor Tieren

Die Indianer respektierten alle Tiere und glaubten, dass jedes Tier – darunter auch Bison und Wolf – über spezielle Eigenschaften und Fähigkeiten verfüge, die zu erlernen sich lohne.

Über Jahrhunderte haben Wölfe die Vorstellung unterschiedlicher Kulturen geprägt. In europäischen Märchen und Sagen tauchen sie daher häufig auf.

Einige Unterschiede

Europäische Wölfe (oben) sind in der Regel schlanker, aber auch kurzbeiniger, dunkler und stämmiger als ihre nordamerikanischen Artgenossen (links).

Wo immer Wölfe auftauchten, rankten sich Erzählungen und Aberglaube um sie.

Gutenachtgeschichten

Zahlreiche Märchen, darunter auch *Rotkäppchen,* das im 17. Jahrhundert in Europa entstand, stellen Wölfe als gerissene Räuber dar.

DAS RUDEL

Wölfe tauchten in der Neuen Welt erstmals vor ca. fünf Millionen Jahren auf. Während des Pleistozäns (der letzten Eiszeit) lebte der Direwolf *(Canis dirus)*, die größte aller bis heute bekannten Wolfsarten. Aus einer anderen Art, die sich von Alaska aus nach Sibirien ausbreitete, entwickelte sich der heute bekannte Wolf *(Canis lupus)*. Er wurde in Eurasien heimisch, fand aber auch den Weg zurück nach Nordamerika, wo er weite Teile des heutigen Kanadas und der Vereinigten Staaten besiedelte. Ausnahmen bildeten nur einige Gebiete im Südosten der USA, in denen sich eine kleinere Wolfsart, der Rotwolf *(Canis rufus)*, findet.

Dank eingehender Beobachtung von Wölfen in freier Natur ist mittlerweile viel über das Verhalten der Tiere und ihre Kommunikation mit Artgenossen bekannt.

Das Rudel lebt in enger Verbundenheit und umfasst meist acht bis zwölf Tiere, darunter ein ranghohes Paar – Alpharüde und Alphaweibchen. Die beiden führen das Rudel an, doch handelt es sich nicht, wie man lange glaubte, stets um die größten Tiere. Die Anführer treffen alle Entscheidungen, die notwendig sind, um das Rudel und sein Revier zu schützen. Außerdem sind sie die einzigen Tiere des Rudels, die sich vermehren.

VISUELLE KOMMUNIKATION

Die Schnauze und das Gesicht des Wolfs sind unentbehrliche Körperteile für die Kommunikation unter Artgenossen. Die Alphatiere erkennt man meist leicht an den dunkleren Linien im Gesicht. Auf Angehörige anderer Rudel wirken diese deutlichen Farbmarkierungen abschreckend und stellen den Status der Tiere auf den ersten Blick sichtbar dar.

Es heißt oft, dass Wölfe oder Hunde es als Herausforderung empfinden, wenn man ihnen direkt in die Augen blickt. Inzwischen geht man aber davon aus, dass weniger die Augen als vielmehr die Zähne etwas

über das Machtverhältnis aussagen. Erwachsene Wölfe (und Hunde) bringen den Welpen bei, ihre Schnauzen wegzudrehen, wenn sie sich anderen erwachsenen Mitgliedern des Rudels nähern. Dazu schnappen sie neben den Köpfen der Jungen in die Luft, damit diese ihren Kopf abwenden und senken. Dieses von klein auf trainierte Verhalten führt dazu, dass erwachsene Wölfe ihren Kopf zum Zeichen des Respekts senken, wenn sie einem ranghöheren Artgenossen gegenübertreten.

Welche Kopfhaltung ein Wolf einnimmt, hängt von seiner Stellung innerhalb der Rangordnung ab. Ein mittel- bis hochrangiges Tier bezeugt einem höher stehenden Familienmitglied Respekt, indem es seine Schnauze horizontal nach rechts oder links legt. Wird dieser Respekt missachtet, bewegt das ranghöhere Tier seine eigene Schnauze entweder auf die rechte oder die linke Seite der Schnauze des Herausforderers. Meist reicht dies aus, um den fehlenden Respekt einzufordern. Falls nicht, stößt das höherrangige Tier ein dunkles, kehliges Knurren aus, das im Bedarfsfall intensiviert und von einem bestimmten Gesichtsausdruck begleitet wird. Ein Schnappen in die Luft neben der Schnauze gilt als letzte Warnung vor einem physischen Kräftemessen.

Auch die Haltung der Ohren sagt viel aus. Die Ohren können seitlich abgespreizt sein und dienen dann als Verteidigungssignal. Sind sie mit der Spitze nach vorn gerichtet, lenken sie die Aufmerksamkeit auf die Schnauze und fordern Respekt ein.

Die Nackenhaare werden manchmal aufgestellt und sollen das Tier in Verteidigungssituationen größer wirken lassen. Bei dominanten Wölfen führt eine breite dunkle Linie vom Nacken über die gesamte Wirbelsäule bis zur Rutenspitze. Je breiter und fortlaufender die Linie, desto höher ist der Rang des Tieres.

Einer noch nicht bewiesenen Theorie zufolge ernähren sich rangniedere Tiere anders als ranghöhere, was dazu führt, dass sich Fellfarben und Markierungen, ebenso wie Duftmarken, unterscheiden. Ein alternder Alpharüde wird zurückgestuft, wenn ein jüngerer Kandidat im Rudel bereit ist, die Führung zu übernehmen. Dann stehen dem älteren Alpharüden nicht mehr die besten Teile der Beute zu. Fotos belegen, dass die Farben und Markierungen zurückgestufter Tiere sich nach einer Weile verändern, was auf eine direkte Beziehung zwischen Futter, Markierung und Rang hindeutet.

KOMMUNIKATION DURCH DUFTMARKEN

Alpharüde und Alphaweibchen sind leicht an ihrem Geruch und an ihrem Aussehen zu erkennen. Als ranghöchste Wölfe erhalten sie von der Beute stets die besten Teile. Dazu zählen wichtige Organe wie Herz, Leber und Nieren, daneben das frischeste Fleisch und, falls möglich, das Gehirn. Sie riechen deshalb anders als alle übrigen Tiere im Rudel. Jedem Rang stehen unterschiedliche Teile des Kadavers zu, und diese sorgen für den charakteristischen Geruch.

Der strenge Geruch der Alphatiere ist wichtig, wenn es darum geht, das Revier gegen rivalisierende Rudel zu verteidigen. Diese meiden fremdes Revier nur dann, wenn die unsichtbaren Duftmarken stark genug sind. Die Alphawölfe markieren, indem sie Urin und Kot absetzen, am Boden kratzen und sich an Bäumen reiben, die das Revier begrenzen. Damit übermitteln sie unmissverständliche Botschaften an rivalisierende Rudel und einsame Wölfe, die in der Pufferzone zwischen zwei Verbänden umherstreifen. Nur Alphawölfe urinieren mit erhobenem Bein. Auf diese Weise können sie ihren stark riechenden Urin in höhere Teile von Büschen oder Bäumen spritzen. Im Lauf der Jahreszeiten unterscheiden sich die Duftmuster in der Stärke. Diese hängt auch von der Bedrohung ab, die von benachbarten Rudeln ausgeht. Der Alpharüde ist für den Schutz seiner Familie verantwortlich und muss die Duftmarken an den Reviergrenzen regelmäßig erneuern.

Rudelführer

Diesen Alphawolf erkennt man an seiner Haltung und den breiten dunklen Fellmarkierungen. Alphawölfe sind nicht immer die größten und kräftigsten Tiere im Rudel, haben aber stets einen durchdringenden Blick und wirken majestätisch.

Ein Schnappen in die Luft direkt neben der Schnauze gilt als letzte Warnung, bevor es zum physischen Kräftemessen kommt.

KOMMUNIKATION DURCH LAUTE

Die Mitglieder eines Rudels verständigen sich durch Heulen. Gegenüber rivalisierenden Wölfen wird es als Mittel der Konfliktvermeidung gebraucht und ertönt mitunter kilometerweit. Jedes Tier gibt charakteristische Töne von sich, die von seinem Rang abhängen. Das Alphapärchen heult sehr tief, ist aber auch an der Länge der Pausen zwischen einzelnen Heulern zu erkennen. Die Alphawölfe müssen das Geheul nicht unbedingt anstimmen, doch wenn erst einmal der Kontakt zu einem benachbarten Rudel, einem einzelnen Wolf oder einem während der Jagd verloren gegangenen Familienmitglied aufgebaut wurde, übernehmen sie rasch die Kontrolle. Sind die Alphawölfe der Ansicht, dass das Rudel sein Heulen fortsetzen soll, ermuntern sie es durch ein wiederholtes, tiefes Heulen. Soll das Rudel dagegen innehalten, lassen die Alphawölfe zwei oder drei abgehackte Heullaute kurz hintereinander ertönen.

BETAWÖLFE

Im Rang direkt hinter dem Alphapärchen stehen die Betawölfe, meist ebenfalls ein Paar, wenn das Rudel groß genug ist. Diese Tiere sorgen innerhalb des Rudels für Disziplin. Auch sie erkennt man leicht, denn oft sind sie die größten und kräftigsten Tiere. Dank ihrer körperlichen Überlegenheit können sie die von den Alphatieren aufgestellten Regeln innerhalb der Gemeinschaft durchsetzen und dadurch mögliche Gefahren von den Alphatieren fern halten. Ihre Fellmarkierungen entlang der Wirbelsäule sind breit, jedoch unterbrochen, und sie reichen nicht, wie bei den Alphatieren der Fall, bis zur Rutenspitze.

Das Heulen der Betawölfe ist nicht so tief wie jenes der Alphatiere, doch deutlich tiefer als das der übrigen Rudelmitglieder. Betawölfe heulen etwa drei- oder viermal so lange wie Alphawölfe und verleihen dem Geheul des Rudels dadurch Kraft und Dauer.

Typische Gesichtszeichnung

Alphawölfe sind an ihren breiten Gesichtsmarkierungen erkennbar, die besonders auf der Schnauze, den Ohren und rund um die Augen ausgeprägt sind. Man kann sie auf diese Weise leicht von den Tieren anderer Hierarchieebenen unterscheiden.

Markante Alphalinie

Alphatiere besitzen eine sehr dichte Nackenbehaarung. Außerdem verläuft ein dunkler Streifen am Körper entlang vom Hals bis zur Rutenspitze. Auf dem Rücken ähnelt er einem Sattel.

DIE NIEDEREN RÄNGE

Hinter den Betawölfen steht die Gruppe der so genannten mittleren Ränge, die in der Regel von einem dominanteren Pärchen angeführt wird. Das Weibchen lehrt und diszipliniert untergeordnete Weibchen, der Rüde übernimmt diese Rolle für seine männlichen Artgenossen. Diese Tiere erhalten über die Betawölfe Informationen von den Alphawölfen. In großen Rudeln mit bis zu 15 Tieren ist diese Form der Kommunikation für die Alphawölfe wichtig, um die Kontrolle zu behalten.

Die Hauptaufgabe der mittleren Ränge besteht darin, das Rudel mitgliedsstärker erscheinen zu lassen, als es tatsächlich der Fall ist. Dies gelingt mit verschiedenen Techniken und hilft dem Rudel, sein Revier zu verteidigen. Die mittleren Ränge ernähren sich abwechslungsreich, sodass ihre Duftmarken variieren, und ebenso geben sie beim Heulen viele unterschiedliche Töne von sich: Sie bellen, kläffen, jaulen, jammern, knurren und heulen, sodass benachbarte Rudel kaum herausfinden können, um wie viele Tiere es sich tatsächlich handelt. Wölfe der mittleren Ränge sind von Natur aus misstrauisch und auf der Hut. Die Alpha- und Betawölfe verlassen sich darauf, dass die anderen sie vor jeder Gefahr warnen.

Das Rudel wird durch einige Spezialisten ergänzt: Jäger, Babysitter und Omegawölfe, um die sich viele Missverständnisse ranken. Die Jäger sind oft Weibchen, denn sie sind um 20 bis 25 Prozent kleiner als Rüden und dadurch viel schneller. Ihnen gelingt es leichter, die Beute zu stellen oder ihr den Fluchtweg abzuschneiden.

Bei dominanten Tieren führt eine breite dunkle Linie vom Nacken über die gesamte Wirbelsäule bis zur Rutenspitze. Je breiter und fortlaufender die Linie, desto höher ist der Rang des Tieres.

Demut durch Entblößung

Dieser Wolf bekundet seinen Unterwürfigkeit, indem er seine helle Bauchpartie zeigt und seine empfindlichsten Körperpartien entblößt. So demonstriert er zugleich, dass er dem dominanten Tier vertraut, denn ein einziger Biss könnte tödlich für ihn sein.

Zeichen von hohem Rang

Breite, dunkle Fellpartien sind untrügliche Markenzeichen eines Alphawolfs. Zusammen mit der selbstbewussten Körperhaltung, dem intensiven Geruch und den typischen Lautäußerungen verleiten sie untergeordnete Rudelmitglieder zur Unterwürfigkeit.

Alpha und Beta
Die kräftigen, breiten, dunklen Abzeichen im Gesicht unterscheiden das Alphatier (links) deutlich vom Betatier (rechts).

Starker Zweiter
Betawölfe (rechte Seite) sind die größten und kräftigsten Tiere im Rudel. Sie setzen den Willen der Alphawölfe bei den anderen Rudelmitgliedern durch und werden bei Gefahr als Kundschafter vorausgeschickt.

Doch es gibt auch männliche Jäger, deren Stärke beim Riss von sehr großen Beutetieren von Vorteil ist. Weibliche Jäger können ein erwähltes Opfer von der Herde trennen und es hetzen, bis es müde wird, doch um das Tier zu reißen, benötigen sie die Hilfe der Rüden.

Die Babysitter werden vom Alphaweibchen bestimmt. Sie kümmern sich um die Welpen und erziehen sie, sobald die Entwöhnung abgeschlossen ist und das Alphaweibchen wieder seine üblichen Pflichten im Rudel übernimmt.

Omegawölfe spielen für die Harmonie im Rudel eine wichtige Rolle. Sie entschärfen Spannungen und sorgen dafür, dass Verletzungen bei kämpferischen Auseinandersetzungen die Ausnahme bleiben. Schon im Alter

von zwei bis drei Wochen stehen Omegawelpen ständig im Mittelpunkt von Streitigkeiten innerhalb des Wurfes. Sie lernen schnell, wie sie die Aufmerksamkeit auf sich ziehen können, indem sie Spiele anfangen oder sich als „Clown" gebärden. Durch zum Teil instinktive, zum Teil erlernte Verhaltensweisen gelingt es ihnen, den Frieden im Rudel wiederherzustellen. Omegawölfe wurden früher aufgrund ihres niederen Rangs und der Art, wie sie behandelt werden, oft als „Aschenputtel-Wölfe" bezeichnet. Gerade beim Fressen mag dies so wirken, denn dann werden Omegawölfe oft vom Riss verjagt. Möglicherweise geschieht dies aber, damit die hochrangigen Wölfe ihre Position am Kadaver verändern können, ohne dass es zu Kämpfen kommt. Auf diese Weise erhalten sie ausgewählte Teile der Beute und die ihrem Rang angemessene Menge. Hungrige Wölfe könnten sich dagegen ohne die Ablenkung der Omegawölfe gegenseitig ernsthaften Schaden zufügen. Sobald die übrigen Wölfe gefressen haben, gewährt man dem Omegawolf Zugang zum Futter, und er bekommt einen hochwertigen Anteil, den ein Betawolf speziell für ihn verteidigt hat. Allem Anschein zum Trotz haben Omegawölfe also vermutlich innerhalb des Rudels eine anerkannte und hochrangige Spezialistenfunktion inne.

Das Heulen der Omegawölfe klingt am melodischsten. Es umfasst sowohl hohe als auch tiefe Töne, bringt Harmonie in das Geheul und sorgt dadurch gerade in kritischen Situationen dafür, dass das Rudel Ruhe bewahrt.

Die Hauptaufgabe der Wölfe mittlerer Ränge

Flexibel bleiben

Die Wölfe, die mittlere Positionen in der Rangordnung einnehmen, haben neutrale Fellmarkierungen, sodass sie ihren Rang, falls nötig, ändern können. Stirbt ein Wolf, kann ein anderer aufrücken oder die Aufgaben eines Spezialisten übernehmen.

Strenge Hierarchie

Ein rangniederer Wolf muss seine Schnauze abwenden, wenn sich ein höherrangiges Mitglied nähert. Falls nicht, verschafft sich das dominante Tier Respekt, indem es seine Schnauze gegen die Schnauze oder den Nackenbereich des Gegenübers drückt.

Der scharfe Geruch der Alphatiere ist wichtig für die Verteidigung des Reviers.

Den hohen Rang behalten

Um seine Position auf einem hohen Rang zu sichern, reibt der Wolf seine Schnauze, den Kopf, den Rücken und die Rute an stark riechenden Objekten, darunter auch an toten Fischen.

Bindungen stärken

Enge familiäre Bande werden durch häufiges Aneinanderreiben und Übertragen von Geruch auf andere Rudelmitglieder intensiviert. Gegenseitige Fellpflege und Spiele haben dieselbe Wirkung.

Rivalisierende Rudel meiden fremdes Revier nur dann, wenn die unsichtbaren Duftmarken stark genug sind.

Bewerbung um Mitgliedschaft
Einzelne Wölfe heulen häufig, um Informationen über Rudel in der Umgebung zu erhalten. Sie erfahren auf diese Weise, ob bestimmte Ränge im Rudel nicht besetzt sind. Danach entscheiden sie, ob sie sich um eine Aufnahme im Rudel „bewerben".

Ausgewählter Heulposten
Wölfe tragen ihr Geheul oft von erhöhten Standorten aus vor, damit der Schall weiter reicht. Oft bilden sie auch einen Halbkreis, damit ihr Geheul in unterschiedlichen Richtungen zu hören ist.

Duett der Alphas

Ein paarungswilliges Alphapärchen kündet die bevorstehende Vereinigung oft durch sein Heulen an. Wenn das Alphaweibchen läufig wird, weist sein Urin sichtbare Spuren von Blut auf. Der Alpharüde uriniert darüber und macht dadurch seine Paarungsrechte geltend.

Gut geheult ist halb gewonnen
Wölfe lassen unter anderem ihr Geheul als Verteidigungstaktik ertönen. Droht ein Angriff durch ein benachbartes Rudel, müssen die Tiere der mittleren Ränge so heulen, dass der Eindruck entsteht, das revierinhabende Rudel sei deutlich größer.

Die Mitglieder eines Rudels verständigen sich durch Heulen. Gegenüber rivalisierenden Wölfen wird das Heulen als Mittel der Konfliktvermeidung eingesetzt.

Unterricht im Heulen

Junge Wölfe lernen bereits früh, sich durch Heulen zu verständigen. Als Lohn dafür erhalten sie Futter und Aufmunterung. Schon ganz junge Tiere üben zu heulen, wie es ihrem Rang entspricht.

„Hallo, hier bin ich!"
Ein Wolf, der sich von seinem Rudel entfernt hat, sendet Orientierungsrufe aus. Er erwartet keine Antwort, sondern macht lediglich seinen Standort klar, damit die anderen ihn finden können.

Tiefes Heulen – hoher Rang

Das Heulen der Alphatiere ist tief und damit ein Zeichen für ihren hohen Status innerhalb des Rudels. Alphawölfe heulen kurz und halten dann inne, um zu hören, ob eine Antwort kommt. Danach entscheiden Rüde oder Weibchen, ob das gesamte Rudel weiterheult oder nicht.

Starrender Blick

Verglichen mit den übrigen Sinnesorganen, sind die Augen der Wölfe eher mittelmäßig. Ihr durchdringender Blick wird oft mit dem von Menschen verglichen und soll der Grund dafür sein, weshalb viele Indianer die Tiere „Bruder Wolf" nennen.

Empfindliche Ohren

Wölfe können rivalisierende Rudel in offenem Gelände auf eine Entfernung von 16 Kilometern hören. Die Tiere der mittleren Ränge sind von Natur aus wachsam. Sie hören Gefahren oft vor dem übrigen Rudel und warnen die anderen durch Bellen.

Spaßmacher im Rudel
Omegawölfe wurden lange zu Unrecht als unterster Rang bezeichnet. In Wirklichkeit sind sie anerkannte Mitglieder des Rudels. Sie sorgen dafür, dass angespannte Situationen – etwa beim Fressen – nicht eskalieren, und erhalten dafür Fleisch von guter Qualität.

Durch eine Reihe zum Teil instinktiver, zum Teil erlernter Verhaltensweisen, die von Körperhaltung über Mimik bis hin zu Lautäußerungen reichen, verhindern Omegawölfe blutige Auseinandersetzungen.

Omegawölfe spielen für die Harmonie im Rudel eine große Bedeutung. Sie entschärfen Spannungen und sorgen dafür, dass kämpferische Auseinandersetzungen unter Rudelmitgliedern die Ausnahme bleiben.

Wächter des Friedens

Ein Omegawolf beendet durch seine unterwürfige Haltung und spezielle Laute die Feindseligkeiten zwischen zwei Rudelmitgliedern.

Willkommensgruß

Nach einer Trennung begrüßen sich Wölfe durch Lecken und Schwanzwedeln. Dieses Verhalten wird auch beobachtet, wenn sich miteinander verwandte Tiere begegnen, die verschiedenen Rudeln angehören.

Wichtige Kommunikationssignale

Die Körperhaltung ist auf kurze Distanz eines der wichtigsten Kommunikationsmittel. Hinzu kommen die Mimik, die Stellung der Ohren und der Rute, das Aufrichten der Nackenhaare sowie bestimmte Laute.

Dank eingehender Beobachtung in freier Natur weiß man heute viel über das Verhalten der Wölfe und ihre Fähigkeit, Gehör, Geruchssinn und Körperhaltung ihrem Rang entsprechend zur Kommunikation einzusetzen.

Variable Rudelgröße

Das Territorium kann einige wenige, aber auch mehrere 100 Quadratkilometer umfassen. Seine Fläche und das verfügbare Futter bestimmen die Rudelgröße.

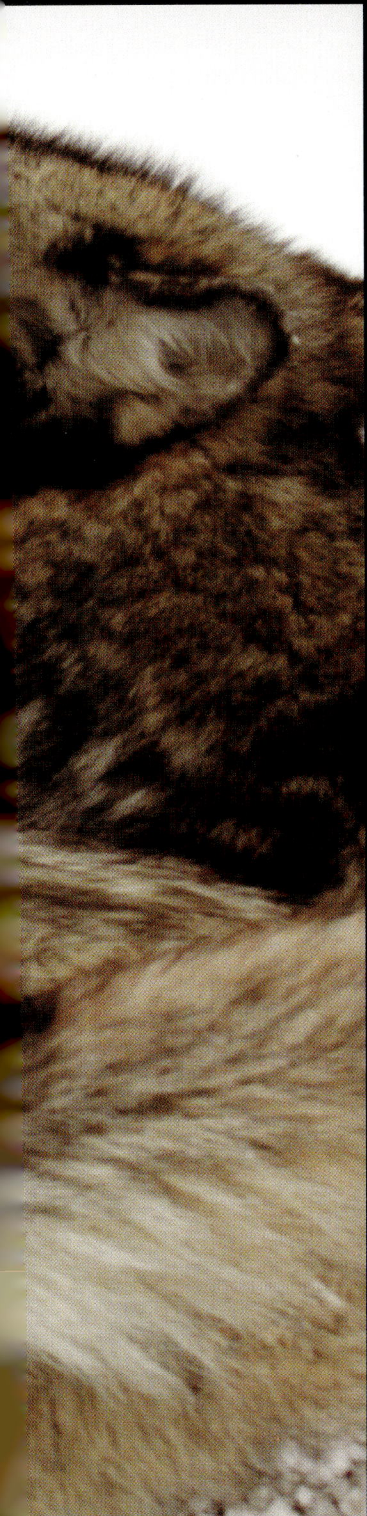

Viele Aufgaben – viele Mitglieder

Ein Rudel kann 3 bis 20 Tiere umfassen. In der Regel besteht es aus einem Alphapärchen und seinen Welpen, mehreren Betawölfen, einigen Tieren der mittleren Ränge sowie Spezialisten wie den Omegawölfen.

Kluge Alttiere

In den meisten Rudeln schätzt man ältere Tiere wegen ihres Wissens und ihrer Erfahrung. Diese Wölfe werden oft als Babysitter ausgewählt. Sie erziehen die Welpen.

Die Kopfhaltung jedes einzelnen Wolfs richtet sich nach seinem Rang im Rudel.

Unterschiedlich große Territorien

Die Größe des Rudels hängt sowohl von der verfügbaren Fläche als auch von der Zahl der Tiere ab, die nötig sind, um das Territorium zu verteidigen und darin zu jagen. Wölfe in Europa (links) leben heute meist in kleinen Revieren, während die Rudel in Nordamerika (rechts) oft große Flächen besetzen.

Sauberes Fell
Alphawölfe haben das Vorrecht, andere Rudelmitglieder zu putzen und von ihnen geputzt zu werden. Diese Tätigkeit stärkt die Bindungen innerhalb des Rudels und trägt natürlich auch dazu bei, das Fell frei von Schmutz und Parasiten zu halten.

Doppelt hält besser

In den Wintermonaten wächst dem Wolf ein dichter Pelz (rechts), der ihn warm hält. Er besteht aus zwei Schichten – dem oberen Deckhaar, das Schnee und Feuchtigkeit abstößt, und der darunter liegenden weichen Unterwolle, die gegen die Kälte isoliert. Der dicke Winterpelz verschwindet beim Haarwechsel im Frühjahr, wenn die Temperaturen steigen (oben).

Effektiver Wärmeschutz

Im Winter wirken Wölfe wegen ihres dicken, warmen Winterpelzes viel größer als im Sommer. Das dichte Fell ermöglicht den Tieren das Überleben bei ungünstiger Witterung und eisigen Temperaturen.

Gute Tarnung
Durch die variablen Farbnuancen und Markierungen fügt sich das Fell des Wolfs hervorragend in seine natürliche Umgebung ein. Eine perfekte Tarnung ist für Jäger und Beute gleichermaßen wichtig.

Pufferzonen

Wenn einzelne Wölfe fremde Reviere durchqueren, urinieren sie häufig ins Wasser, um unerkannt zu bleiben. Dieser Wolf (oben) hat kein eigenes Revier, sondern hält sich in einer Pufferzone auf – einem relativ sicheren, neutralen Bereich zwischen zwei Rudelgrenzen.

Geruchsintensive Füße

Wölfe markieren die Reviergrenzen auch mit Hilfe von Duftdrüsen an den Füßen. So hinterlässt ein Betawolf etwa Kratzspuren als sichtbares Zeichen seiner Anwesenheit.

Revierausstattung
Im Revier eines Rudels gibt es in der Regel eine Wasserquelle, meist einen See oder einen Bach. Wölfe benötigen besonders viel Wasser, wenn sie gefressen haben oder trächtig sind.

Geborene Schwimmer

Dank ihrer breiten Füße und langen Beine können Wölfe gut schwimmen. So überqueren sie mühelos Flüsse oder Seen in ihrem Revier. Sie fangen und fressen Fische an seichten Stellen, folgen ihrer Beute aber selten ins tiefere Wasser.

Aufgabenteilung bei der Jagd
Die ausgewiesenen Jäger innerhalb eines Rudels sind Spezialisten und deshalb meist kleiner und schneller als andere Mitglieder. Weibchen eignen sich besonders gut für diese Aufgabe, benötigen dann aber die Hilfe kräftiger Rüden, um große Beutetiere zu reißen.

Ausdauernder Sprinter
Wölfe erreichen beim Sprint Maximalgeschwindigkeiten zwischen 48 und 65 Kilometern pro Stunde, und zwar – falls auf der Flucht oder bei der Jagd nötig – bis zu eine Stunde lang.

Langstreckenläufer

Wölfe traben oder springen gewöhnlich mit einer Geschwindigkeit von sechs bis zehn Kilometern pro Stunde. Auf der Suche nach Nahrung legen sie am Tag bis zu 160 Kilometer zurück.

Klugheit siegt

Wölfe sind sehr intelligent. Ihr Gehirn ist um 30 Prozent größer als das des Haushunds. In Gefangenschaft lernen Wölfe nach kurzer Beobachtungszeit, wie man einfache Riegel öffnet, um an das dahinter gelagerte Futter zu kommen.

Munter in der Dämmerung

Wölfe sind meist während der Morgen- und Abenddämmerung aktiv. Sie haben gelernt, dass in diesen Stunden ihr Hauptfeind – der Mensch – viel seltener unterwegs ist.

AUF DER JAGD

Die Indianer Nordamerikas haben den Wolf stets als erfolgreichen Jäger betrachtet, selbst wenn sie mit ihm direkt um Nahrung konkurrierten. Frühe nordamerikanische Siedler bewunderten ebenfalls die Kraft und Stärke der Wölfe, die Beute über 160 Kilometer weit verfolgen und Tiere reißen, die zehnmal so schwer sind wie sie selbst. Verhaltensstudien zeigen heute, was vor, während und nach dem Erlegen der Beute geschieht. Sie verdeutlichen, dass das Jagen im Rudel ein hohes Maß an Kollektivbewusstsein und Kooperation erfordert.

TEAMARBEIT

Der Jagderfolg eines Rudels hängt ganz wesentlich von der sorgfältigen Vorbereitung ab. Jedes einzelne Tier trainiert permanent seine Fähigkeiten und übt Jagdtechniken ein, damit es im Bedarfsfall den richtigen Platz einnehmen kann. Die Jäger sind Spezialisten und in der Mehrzahl Weibchen. Oft gibt es im Rudel ein bis zwei Tiere, die so flink wie ein Jagdhund sprinten und damit schnell genug sind, um die Beute zu hetzen, einzukreisen oder in einen Hinterhalt zu locken. Die Alphaweibchen zählen nicht unbedingt zu den Jägern, denn sie sind zu wertvoll für das Rudel, als dass sie sich den Gefahren einer Verletzung aussetzen sollten. Allerdings dirigieren sie die Aktion vom Rand aus. Da diese Aufgabe schwierig ist, wird oft eine Art „Übungseinheit" vor der Jagd durchgeführt.

Zunächst bringt die Alphawölfin ihre Rute in eine bestimmte Position und setzt damit einen Geruch frei, der das Rudel dazu animiert, ihr zu folgen. Zudem dirigiert sie die Artgenossen durch Schubsen in eine bestimmte Richtung. Dann wählt sie die Beute aus, die den Bedürfnissen des Rudels am besten entspricht: im Winter meist Tiere mit hohem Fettanteil wie Bison, Elch oder Wildschwein, im Sommer kleinere Arten wie Schneeziege oder Junghirsche. Das Weibchen zeigt die Art der Jagd-

beute an, indem es versteckte Futterstücke ausgräbt, etwa den Teil eines Beines, der bei einer früheren Jagd für den späteren Verzehr oder den Einsatz in einer Trainingseinheit vergraben wurde. Im Sommer wird Futter meist am Ufer von Seen, Teichen oder Flüssen verbuddelt, weil hier der feuchte Schlamm oberhalb der Wasserlinie das Fleisch kühl hält und konserviert.

Wenn die Jäger und das Rudel wissen, welcher Beute sie nachstellen sollen, macht das Alphaweibchen die Bewegungen vor, die das Beutetier während der Jagd üblicherweise vollführt. Während dieser Präsentation trägt das Weibchen das ausgegrabene Beutestück im Maul. Das Alphamännchen nimmt ihm das Futter ab und gibt vor, die Beute zu verteidigen. Damit macht es deutlich, dass es die Kontrolle übernehmen wird, sobald die Jagd beendet ist und es ans Fressen geht.

Manchmal jagen Wölfe auch allein. Sie sind dann besonders vorsichtig und greifen eher kleinere Tiere wie Nager, Vögel, Kaninchen oder Fische an.

DEM GERUCH AUF DER SPUR

Wölfe verfügen über einen besonders ausgeprägten Geruchssinn. Wissenschaftler konnten beweisen, dass die Nase von Haushunden 1000-mal feiner ist als die des Menschen. Die von Wölfen soll sogar – zumindest nach Meinung mancher Forscher – 100 000-mal empfindlicher sein. Immerhin können Wölfe unter Ausnutzung der Windrichtung Beute auf eine Entfernung von fast drei Kilometern wittern.

Training vor der Jagd

Die Alphawölfin (Mitte) zeigt vollen Körpereinsatz und drückt die übrigen Wölfe nach links oder rechts, damit sie der Spur der Beute folgen. Auf diese Weise bereitet sie die Artgenossen auf die Jagd vor und unterstreicht zugleich ihre hohe Position als Entscheidungsträgerin.

Einüben von Jagdtechniken
Das Alphaweibchen organisiert eine Probejagd, bei der die Rudelmitglieder den Jungtieren zeigen, wie sie gemeinsam kooperieren, um die Beute zu fangen und zu erlegen.

Wenn Wölfe der Spur eines Beutetieres folgen, nehmen sie den Geruch seiner Pfotenabdrücke, seines Urins und Kots wahr, sie riechen aber auch Haare, Hautpartikel und Parasiten, ja sogar die Zahnfäule (durch wiedergekaute Pflanzenreste) bei alten Tieren. Allein am Geruch erkennen Wölfe, ob ein Beutetier krank, alt oder verletzt ist und in welcher Entfernung es sich befindet.

Um erfolgreich zu jagen, sind verschiedene Techniken nötig, die von der Größe der Beute abhängen. Wenn Wölfe kleinere Tiere fangen, pirschen sie sich durchs hohe Gras an oder lauern in einem Hinterhalt. Dabei teilt sich das Rudel in zwei oder mehr Gruppen. Eine Gruppe treibt das Tier auf die andere zu, die sich zwischen Bäumen oder Büschen verbirgt. Man hat Wölfe beobachtet, die Schnee ins Maul nahmen, damit das Beutetier ihren Atemhauch nicht sehen konnte. Ist ein kleineres Opfer gefangen, wird es zunächst geschüttelt und dann durch einen Biss in den Nacken getötet.

Eine andere Technik ist das Einschüchtern. Dazu trennen die Wölfe die ausgewählte Beute von den Artgenossen und versuchen sie zu hetzen. Sie mindern auf diese Weise die Gefahr, durch Hufschläge, Hörner- oder Geweihstöße verletzt zu werden, weil das Tier vor ihnen flieht und sich nicht umdrehen kann, um sich zu verteidigen. Wölfe erreichen Spitzengeschwindigkeiten von 48 bis 65 Kilometern pro Stunde und können diese notfalls über eine Stunde lang durchhalten. Wenn sie ein großes, gesundes Huftier, etwa einen Elch, verfolgen, bleiben sie ihm bei Bedarf bis zu zwei Wochen auf den Fersen und hindern es daran zu fressen, zu trinken,

Kurz bevor es auf die Beutejagd geht, muntert das Alphaweibchen die Rudelmitglieder zu einer Trainingseinheit auf.

zu rasten und den Schutz seiner Herde zu suchen. Wölfe verwunden die Beute, indem sie von Zeit zu Zeit nach ihr schnappen; schließlich brechen auch große Tiere durch Erschöpfung und Blutverlust zusammen.

DER DUFT DES ERFOLGS

Ist die Beute erlegt, wird sie in geordneter und kontrollierter Weise verzehrt. Die Alphatiere kommen nicht immer zuerst an die Reihe, entscheiden aber stets darüber, was welches Rudelmitglied wann frisst. Größere Tiere wie die Betawölfe müssen ihr Gewicht halten, um Entscheidungen durchzusetzen. Sie bekommen mehr Futter als Angehörige der niederen Ränge.

Jeder Wolf kann zwei bis neun Kilogramm Fleisch auf einmal verschlingen, denn häufig vergehen Tage oder Wochen bis zum nächsten Jagderfolg. Steht mehr Futter als benötigt zur Verfügung, so verstecken die Wölfe die Beutereste und markieren die Stelle mit Urin, um sie im Bedarfsfall wiederzufinden.

Nach dem Fressen ruhen die Wölfe, spielen und putzen sich, bleiben aber stets wachsam. Wenn sie tatsächlich vor einer Gefahr fliehen müssen, würgen sie ihren Mageninhalt aus. Mit vollem Magen zu rennen, wäre nicht nur unbequem und würde die Flucht verlangsamen, sondern könnte auch zu einer möglicherweise tödlichen Verwicklung der Därme führen.

Nach dem Festmahl stimmt das Rudel oft ein Geheul an, um die Beute vor anderen Räubern zu schützen. Aasfresser wie Raben, Adler, Füchse oder Kojoten warten nur darauf, die Reste zu verschlingen.

Das Weibchen bringt seine Rute in eine bestimmte Position und zeigt dem Rudel damit an, in welche Richtung die Jagd startet.

Immer der Rute nach

Hier hebt eine Alphawölfin ihren Schwanz, um einen Duft freizusetzen und den anderen Wölfen das Signal zu geben, ihr zu folgen. Die Führerin steht an der Spitze des Rudels und gibt die Richtung vor, in der zur Jagd aufgebrochen wird.

Aufbruch zur Hirschjagd
Das Alphaweibchen zeigt dem Rudel mit Hilfe eines Hirschlaufs, der von einem früher erlegten Opfer stammt, welche Beuteart erlegt werden soll und wie dies zu geschehen hat. Wenn die anderen Rudelmitglieder sich der Wölfin von vorn nähern, demonstriert sie die Gefahr eines Hufschlags, indem sie den Kopf heftig hin und her bewegt und damit Tritte des Beutetieres simuliert.

Erprobte Fährtenleser

Wölfe finden ihre Beute auf dreierlei Arten: durch Witterung, also mit Hilfe ihres fantastischen Geruchssinns, durch gezieltes Verfolgen von Spuren sowie durch Zufallsbegegnungen.

Verräterischer Geruch

Der Geruchssinn der Wölfe ist so ausgeprägt, dass sie kranke oder verletzte Tiere an den Spuren erkennen, die diese im Schnee hinterlassen.

Wenn Wölfe ihren Beutetieren folgen, orientieren sie sich am Geruch, die die Tiere mittels Fußspuren, Urin und Kot hinterlassen. Sie wittern aber auch ebenso intensiv deren Fell sowie Hautpartikel und sogar Parasiten.

Bereit zum Angriff
Dieser Wolf stellt sich auf die Hinterbeine, während er wittert, hört und schließlich auch sieht, wie sein Rudel die Beute auf seinen Hinterhalt zutreibt. Dieses Verhalten gehört zu den zahlreichen Jagdtechniken, die Wölfe anwenden.

Geringer Erfolg
Nur in einem von zehn Fällen gelingt es den Wölfen, das ausgewählte Opfer zu reißen. Konkurrenz bei der Jagd droht ihnen von anderen Raubtieren wie Bären oder Pumas, aber auch von Menschen.

Das Alphaweibchen wählt die Beute aus, die den Bedürfnissen des Rudels am besten entspricht: Im Winter sind es meist Tiere mit hohem Fettanteil wie Bison, Elch und Wildschwein.

Sinnvolle Auslese
Wölfe prüfen oft, ob es in einer Herde alte, schwache oder verletzte Tiere gibt. Indem sie gerade diese jagen, tragen sie zur Gesundheit der Hirsch- oder Bisonpopulationen bei, denn nur die gesündesten Tiere paaren sich.

Einschüchterungsversuche

Ein Wolf schüchtert einen Bison ein und versucht ihn zur Flucht zu bewegen. Für den Jäger ist es weniger riskant, seinem Opfer nachzulaufen, als sich ihm frontal zum Angriff zu stellen.

Gefährliches Unterfangen

Ein Tritt von einem großen Tier wie einem Bison kann fatale Folgen haben. Bisonbullen führen und beschützen ihre Herde. Sie reagieren sehr aggressiv auf Angriffe und lassen sich nicht leicht einschüchtern.

Risikominimierung

Für Wölfe ist die Verletzungsgefahr am größten, wenn ihr auserwähltes Opfer direkt auf sie zukommt. Sie umkreisen es daher in gebührendem Abstand, um außerhalb der Gefahrenzone von Hornstößen oder Huftritten zu bleiben.

Bloß nicht schlapp machen!
Der schlanke Körperbau und die langen Beine der Wölfe eignen sich perfekt für die bei der Jagd nötigen Wendemanöver. Wölfe bewegen sich sehr gewandt und sind extrem ausdauernd.

Erfolg gekrönte Jagd
Nachdem die Wölfe den Bison stundenlang gehetzt haben, bringen sie ihn schließlich zu Fall, indem sie sich in seine Nase oder in den Rumpf verbeißen. Liegt er endlich am Boden, töten sie ihn.

Ist das Beutetier endlich gestellt, wird es durch einen Biss in den Nacken rasch getötet.

Fleisch, Knochen und Fell

Große Huftiere wie etwa Hirsche machen einen hohen Anteil im abwechslungsreichen Beutespektrum der Wölfe aus. Diese fressen nicht nur das Fleisch, sondern auch die kalzium- und phosphorhaltigen Knochen. Ebenso vertilgen sie Hautstücke mit Fell, die spitze Knochenstücke umhüllen und auf diese Weise innere Verletzungen verhindern.

Schutz für die Weidegebiete

Huftiere zerstören die Vegetation großer Gebiete durch permanentes Grasen. Die Wölfe jagen die Grasfresser und sorgen so dafür, dass die Tiere die Weideplätze wechseln. Damit tragen sie auch zur Erhaltung der Grasflächen bei.

Spuren im Schnee

Wenn Wölfe weite Strecken in tiefem Schnee zurücklegen, wechseln sie immer wieder ihre Position im Rudel, damit das Leittier beim Spuren nicht zu stark ermüdet. Dank der dünnen Haut zwischen den Zehen können Wölfe sich auf Schnee und Eis mühelos fortbewegen.

Beutejagd auf dem Eis

Im Winter treiben Wölfe ihre Opfer manchmal auf zugefrorene Seen, um sie schneller zu erlegen. Huftiere kommen auf dem Eis nur schwer voran; sie rutschen aus und stürzen und werden damit zur leichten Beute.

Raffinierte Tarnmethoden

Man hat Wölfe beobachtet, die sich an ein Opfer heranschlichen und dann Schnee ins Maul nahmen. Damit senkten sie die Temperatur in ihrem Maul und verbargen

Triumphgeheul nach erfolgreicher Jagd

Nach der Jagd machen die Wölfe ihre Ansprüche auf die frisch erlegte Beute und das Revier geltend, indem sie im Chor heulen. Zudem bringen sie Duftmarken am Riss und an den Territorialgrenzen an, um Rivalen eindeutige Zeichen zu geben.

Verteidigungshaltung

Seitlich angelegte Ohren, gesenkter Kopf und gefletschte Zähne zeigen, dass dieser Wolf etwas schützt. Erwachsene Wölfe bringen den Welpen bei, ihr Futter zu verteidigen, indem sie es ihnen stehlen. Wenn die Welpen versuchen, es zurückzuholen, zeigen die Großen ihre Zähne und knurren. So lernen die Jungen diese typische Verteidigungshaltung.

Deutliche Signale

Nach dem Riss ist es für die Wölfe gleichermaßen wichtig, die Beute wie auch ihr Revier zu verteidigen. Um allen potenziellen Störenfrieden – etwa benachbarten Rudeln – ihre Rechte unmissverständlich anzuzeigen, stimmen die Wölfe sogar nachts in regelmäßigen Abständen ein Heulkonzert an.

Geste der Überlegenheit

Die Alphawölfe verteidigen ihren Anspruch auf die Beute mit gebleckten Zähnen. Sie haben ein Anrecht auf lebenswichtige Organe wie Herz, Leber und Nieren, die ihnen den intensivsten Geruch verleihen – und der ist wichtig für die Reviermarkierung

Verteidigung nach allen Seiten

Beim Fressen scheint es häufig zum Streit zu kommen, aber oft dienen gefletschte Zähne und Knurren nur dazu, den Beuteanteil gegenüber Rudelgenossen zu verteidigen. Omegawölfe beruhigen solche Situationen, indem sie für Ablenkung sorgen

Viel Erfahrung im Alter

Der ältere Wolf weiß aus Erfahrung, welche Tierarten er jagen und fressen muss, um seinen Eigengeruch zu verstärken. Diese Erfahrungen gibt er auch an die Jungtiere weiter. Viele Wölfe jagen besonders gern Fische aufgrund deren intensiven Geruchs.

Man hat von Wölfen gehört, die Beutetiere über 160 Kilometer an einem Tag verfolgten und Tiere rissen, die zehnmal so schwer waren wie sie selbst.

Günstig zum Beobachten

Im Winter, wenn Pflanzenfresser viel herumwandern, um Nahrung zu finden, und die Wölfe sie über längere Strecken verfolgen, kann man die Wölfe am besten beobachten. Meist wittern sie Menschen aber von weitem und verstecken sich rechtzeitig

Umstellung auf Kleinsäuger

Viele Jahre lang verstanden Wissenschaftler nicht, warum Wölfe in Gebieten überleben, in denen der Großwildbestand immer weiter sank. Der Mageninhalt toter Wölfe enthüllte letztendlich, dass die Tiere sich in mageren Zeiten von Nagern ernähren

Manchmal jagen Wölfe allein. Sie gehen dann aber besonders vorsichtig vor und erlegen eher kleinere Tiere wie Nager, Vögel, Kaninchen oder Fische.

Kleiner Snack für zwischendurch

Europäische Wölfe können zwar Beutetiere reißen, die zehnmal so schwer sind wie sie selbst, doch fressen sie auch Kleintiere wie Mäuse und Frösche. Wildschweine, die noch in vielen Regionen Europas leben, bieten den Wölfen ebenfalls eine sichere Nahrungsquelle.

Einsamer Jäger

Nur im Rudel bringen Wölfe erfolgreich große Beute nieder, während sie als Einzeltiere kleine Beute verzehren. Meist schließen sich einzeln lebende Wölfe nach kurzer Zeit einem Rudel an oder suchen ein umherstreifendes Männchen bzw. Weibchen als Partner bzw. Partnerin.

Größere Tiere wie die Betawölfe müssen ihr Gewicht halten, um ihren Aufgaben im Rudel gerecht werden zu können. Sie bekommen aus diesem Grund mehr Futter als die Angehörigen niedrigerer Positionen.

Eindeutige Signale durch die Rute

Die Schwanzhaltung gibt Auskunft über die Stellung des Wolfs im Rudel und darüber, wo und wann er fressen darf. Jedem Rang stehen bestimmte Beuteteile zu. Diese sorgen für den richtigen Geruch, der dem Platz in der Hierarchie angemessen ist.

Geteilte Beute

Diese Wölfin (links) trägt ein Beutestück in ein sicheres Versteck, um es dort in Ruhe zu verzehren. Vielleicht bringt sie es aber auch den Welpen und dem zurückgebliebenen Babysitter.

Lagerhaltung für später

Manche Beuteteile werden für einen späteren Zeitpunkt vergraben. Häufig geschieht dies in Wassernähe, wo die Nahrung – verbuddelt im Uferschlamm – länger kühl und frisch bleibt.

Großer Appetit

Da sich die Betawölfe auf ihre Kräfte verlassen müssen und oft die größten Tiere im Rudel sind, haben sie Anrecht auf viel Futter. Sie dürfen mehr fressen als die übrigen Wölfe, denn ihre Aufgabe besteht darin, das Rudel vor Angreifern zu schützen.

Kräftiger Biss

Wölfe beißen mit einem Druck von 680 Kilogramm pro sechs Quadratzentimeter zu und können damit mühelos Knochen knacken. Im Vergleich: Menschliche Knochen brechen schon bei einem Druck von 181 Kilogramm pro sechs Quadratzentimeter.

Verdauungshilfe

Manchmal fressen Wölfe Gras und andere Pflanzen, um ihre Verdauung zu fördern. Bei Tieren niederer Ränge enthält die Nahrung einen höheren Anteil an Pflanzenfasern, da diese Wölfe auch den Magen der Beute fressen, der verdautes Gras enthält.

Zahnstocher

Als Naturforscher erstmals beobachteten, wie Wölfe Zweige und Äste kauten, glaubten sie, die Tiere würden ihre Zähne vor der Jagd schärfen. Heute nimmt man an, dass sie die Zähne nach der Mahlzeit mit Hilfe der holzigen Teile reinigen.

Nach dem Fressen ruhen sich die Wölfe aus, spielen miteinander oder putzen sich. Auf diese Weise erneuern und festigen sie auch die sozialen Bindungen zu den anderen Rudelmitgliedern.

Beziehungsarbeit

Der Ablauf der Jagd stellt die sozialen Beziehungen innerhalb eines Rudels auf eine harte Probe. Diese Wölfe spielen miteinander und putzen sich gegenseitig, nachdem sie gejagt und gefressen haben, um die Bindungen zu den Rudelmitgliedern wieder zu festigen.

Verdauungsschlaf
Wölfe fressen so viel Fleisch, wie sie schaffen – pro Mahlzeit zwischen zwei und neun Kilogramm. Immerhin können bis zur nächsten Jagdgelegenheit Tage oder Wochen vergehen. Anschließend benötigen sie viel Ruhe zum Verdauen.

Immer auf der Hut
Bis zu 18 Stunden am Tag verbringen die Wölfe mit Ausruhen. Doch dabei bleiben sie immer wachsam und werden sofort aktiv, sobald Räuber, Beute oder rivalisierende Rudel ihr Revier betreten.

Im Schutz der Dämmerung
Wölfe haben ihre Jagdzeiten auf die Morgen- und Abenddämmerung gelegt, um Begegnungen mit dem Menschen – ihrem Hauptfeind – nach Möglichkeit auszuschließen.

Gute Nachtsicht
Verglichen mit den übrigen Sinnesorganen sind die Augen der Wölfe eher schlecht, doch sehen die Tiere nachts gut genug, um etwa Bewegungen wahrzunehmen.

Auf Warteposition

Aasfresser wie Füchse halten sich oft in der Nähe von Wolfsrudeln auf. Sie ernähren sich zwar überwiegend von Nagern und kleinen Säugern, verschmähen aber auch die Reste eines Risses nicht.

Konkurrierende Arten

Wölfe und Kojoten leben oft dicht beieinander. Wölfe jagen und töten Kojoten, weil diese mit ihnen um Futter konkurrieren. Der Name Kojote stammt von dem Aztekenwort *coyotl* (bellender Hund) und bezieht sich auf die Laute des kleineren Candiden.

Ergiebige Reste

Greifvögel wie diese Weißkopfseeadler vertilgen die Reste der Wolfsbeute. Man sieht und hört sie oft über dem Kadaver kreisen. Ihre Stunde schlägt, wenn die Wölfe sich entfernt haben.

Gewichtige Konkurrenz

Bären und Wölfe teilen sich oft dasselbe Gebiet, obwohl sie um Futter konkurrieren. Erwachsene Bären und Wölfe kämpfen selten miteinander, doch sie vergreifen sich wechselseitig an den Jungen des anderen. Diese töten sie dann, um mögliche Rivalen auszuschalten. Bären sind zusammen mit dem Menschen für das Aussterben der Wölfe in vielen Regionen hauptverantwortlich. So kann ein ausgewachsener Bär leicht einen Babysitter verjagen und den Bau mit den Welpen freilegen.

FORTPFLANZUNG

In Nordamerika bringen Wölfe ihre Jungen zwischen Januar und April zur Welt. In den südlichen Regionen des Verbreitungsgebiets werfen sie etwas früher als im Norden, weil hier eher Futter zur Verfügung steht. Äthiopische Wölfe, die nur wenige Breitengrade nördlich des Äquators leben, können zwischen August und Dezember jederzeit Junge gebären.

Wölfinnen sind im Alter von zwei Jahren geschlechtsreif und einmal pro Jahr läufig. Bei einigen Unterarten hat man Weibchen beobachtet, die bereits im ersten Jahr der Geschlechtsreife Junge bekamen, doch in der Regel sind sie in diesem Alter noch zu jung für die erfolgreiche Aufzucht, sodass die Jungen kaum eine Überlebenschance haben. Manche Wölfinnen bekommen bis zu ihrem zehnten Lebensjahr Junge, doch auch sie bilden eher die Ausnahme, da Wölfe in freier Natur kaum älter als sechs oder sieben Jahre werden. Innerhalb des Rudels pflanzt sich für gewöhnlich nur das Alphaweibchen fort, doch manchmal werfen auch rangniedere Weibchen Junge. Vermutlich kommt es, wenn viele Rudelmitglieder gestorben sind, unter den Übrigen zu Panikpaarungen, damit das Revier nicht in Gefahr gerät.

Zurzeit werden Studien durchgeführt, die belegen sollen, ob die Art der Ernährung es dem Alphaweibchen ermöglicht, sieben bis acht Monate vor der Paarung Zahl und Geschlecht der Welpen festzulegen, je nachdem, ob diese zukünftig beim Rudel bleiben oder ein neues Rudel in einem benachbarten Territorium gründen sollen. Wenn keine weiteren Territorien an das Wolfsrevier grenzen, geht Beute oft verloren, weil sie in Zonen entwischt, in denen keine Wölfe leben. Benachbarte Wolfsrudel treiben die Beutetiere zwischen den Revieren hin und her. Ein unbesetztes Nachbarterritorium bedeutet deshalb potenziell Nahrungsverlust.

In den Spätwinter und zeitigen Frühjahr fällt die Paarungszeit der Wölfe, die so genannte Ranz. Schon lange

vorher macht die Alphawölfin allen übrigen Weibchen im Rudel unmissverständlich klar, dass sie die dominante Position innehat. Es kommt ständig zu Auseinandersetzungen. Häufig hindert sie zum Beispiel die übrigen Weibchen daran, in eine bestimmte Richtung zu gehen, indem sie sich ihnen in den Weg stellt und so ihre Überlegenheit demonstriert.

Nun wählt das Alphaweibchen auch die Babysitter aus, die auf die Welpen achten und sie erziehen, sobald sie sich im Alter von vier bis sechs Wochen an feste Kost gewöhnt haben. Dank der Babysitter kann das Alphaweibchen sich dann wieder seinen Pflichten als Rudelführerin widmen. Die Babysitter sind nicht ausschließlich weiblich. Sie werden aufgrund ihrer Erfahrung und ihrer Fähigkeit bestimmt, den Welpen die im Rudel geltenden Regeln beizubringen. Das Auswahlverfahren ist kompliziert und beginnt mit Verhaltensspielen der Rudelmitglieder untereinander. So findet das Alphaweibchen heraus, welche Wölfe am ausgeglichensten und geduldigsten sind und sich am besten für die Erziehung seiner Jungen eignen.

Je näher die Ranzzeit rückt, desto mehr Druck übt die Leitwölfin auf die Geschlechtsgenossinnen aus, damit sie keinesfalls zur gleichen Zeit heiß werden. Sie knurrt, brummt und schubst die anderen beständig herum. Mitunter kann sie auch Fehlgeburten verursachen.

Während der Paarung besteigt das Alphamännchen seine Partnerin von hinten. In der Regel hängen beide Tiere längere Zeit aneinander, weil eine Drüse im Penis des Rüden anschwillt und die Vaginalmuskeln des Weibchens diesen fest umschließen. Die Verbindung kann 5 bis 35 Minuten dauern; manchmal laufen die Tiere sogar eine Weile auf diese Weise umher.

WELPEN IM RUDEL

Die Tragzeit dauert 60 bis 63 Tage. Die Geburt zwischen Januar und April fällt auf den gleichen Zeitraum, in

Paarungszeit
Während der Ranzzeit testet der Rüde beständig, ob seine Partnerin schon empfängnisbereit ist. Schnüffeln und Lecken spielen während dieser Phase eine wichtige Rolle im Verhalten der Alphatiere.

dem auch die Jungen der Beutetiere zur Welt kommen, sodass reichlich Futter vorhanden ist.

In den ersten vier bis fünf Wochen haben die Welpen ausschließlich Kontakt zu ihrer Mutter. Sie säugt sie im Bau und bietet ihnen damit Futter, Sicherheit und Wärme, die drei zum Überleben wichtigsten Komponenten. Diese bilden die Grundlage für die zukünftige Erziehung und werden als Belohnung für gutes Verhalten gewährt oder – in Form von Entzug – als Strafe eingesetzt.

Während der ersten Wochen im Bau macht das Alphaweibchen die Welpen mit dem Geruch anderer Rudelmitglieder vertraut. Auch beginnt die Mutter den Jungen schon in diesem frühen Stadium beizubringen, welche Form von Respekt sie Wölfen verschiedener Ränge entgegenbringen müssen. Riecht ihre Schnauze zum Beispiel nach einem hochrangigen Rudelmitglied, packt die Mutter vorsichtig den Kopf oder Nacken des Jungen und dreht es so, dass es die unterwürfige Haltung einnimmt, die bei der Begrüßung dieses Mitglieds gefragt ist. Höherrangige Welpen entdecken schnell, dass die mittleren Zitzen der Mutter nahrhaftere Milch produzieren, und zeigen früh Anzeichen von Dominanz gegenüber ihren Geschwistern, indem sie beim Trinken die mittleren Zitzen für sich beanspruchen.

Mit vier bis fünf Wochen sind Gehör und Sehvermögen bereits recht gut entwickelt. Nun bringt das Alphaweibchen die Welpen erstmals aus dem Bau und stellt sie dem Rudel vor. Von da an übernehmen die Babysitter die Pflege und Erziehung. Während der Entwöhnung würgen erwachsene Rudelmitglieder vorverdaute

Nahrung für ranggleiche Junge aus, damit die Welpen lernen, welche Kost ihrem Rang entspricht. Wenn die Welpen sich an feste Fleischbrocken gewöhnt haben, stehlen die Babysitter ihnen häufig Futter, um ihnen beizubringen, wie sie es verteidigen müssen.

Die Erziehung der Jungtiere umfasst Übungen in Kommunikation, sozialer Interaktion und Jagd. Im Alter von sechs bis sieben Monaten nehmen die jungen Wölfe erstmals an der Jagd teil. Die Trainingsstunden bei älteren, erfahrenen Rudelmitgliedern spielen eine wichtige Rolle: Sie sichern das Überleben der Jungtiere und damit die Zukunft des Rudels und der Art.

Die ersten sechs bis neun Monate im Leben junger Wölfe sind die schwierigsten. Zahlreiche Jungtiere sterben an Hunger, und viele von ihnen fallen Raubtieren, wie Bären und Pumas, oder großen Greifvögeln zum Opfer. Menschen sind ebenfalls für den Tod vieler Welpen verantwortlich: nicht nur direkt, weil sie sie erschießen, vergiften oder in Fallen fangen, sondern auch indirekt, indem sie Wälder roden und ganz allgemein viele Lebensräume vernichten.

Vorbereitungsphase

Schon sieben bis acht Monate, bevor das Alphaweibchen läufig wird, beginnt es sich auf die Ankunft seiner Nachkommen vorzubereiten.

Auf den Pelz gerückt
Solange die Alphawölfin läufig ist, bleibt der Alpharüde ihr dicht auf den Fersen. Während der kurzen Phase der Empfänglichkeit verändert sich der Geruch des Weibchens deutlich. Der Alpharüde muss sich als erstes Männchen mit ihr paaren, um seine Gene weiterzugeben.

Frühreife Wölfinnen

Die Weibchen paaren sich bereits im zweiten Lebensjahr, während die Rüden erst mit rund 22 Monaten geschlechtsreif werden. Wölfe können sich ihr ganzes Leben lang paaren, sofern sie nicht krank oder verletzt sind.

Wenn die Zeit der Empfängnisbereitschaft näher rückt, stellt die Alphawölfin ihre Dominanz untergeordneten Weibchen gegenüber unmissverständlich zur Schau. So verhindert sie, dass diese gleichzeitig läufig werden.

Die Oberhand behalten

Alpharüde und Alphaweibchen verweisen die übrigen Rudelmitglieder auf ihre Plätze, damit gesichert bleibt, dass nur sie sich paaren und ihre Gene weitervererben. Die Alphawölfin unterdrückt die übrigen Weibchen, damit diese gar nicht erst läufig werden.

Auswahlverfahren

Den richtigen Artgenossen für das Amt des Babysitters zu wählen, ist eine heikle und wichtige Angelegenheit. Hier wird ein erwachsener Wolf auf seine Fähigkeiten hin getestet. Fällt ihm die Aufgabe zu, ist er für die Erziehung der Welpen ab dem Alter von vier bis fünf Wochen verantwortlich.

Im Spätwinter oder zeitigen Frühjahr beginnt üblicherweise die Paarungszeit der Wölfe. Die Tragzeit dauert rund zwei Monate. Nach der Geburt sorgt ausschließlich die Mutter für ihre Welpen – und zwar etwa vier Wochen lang.

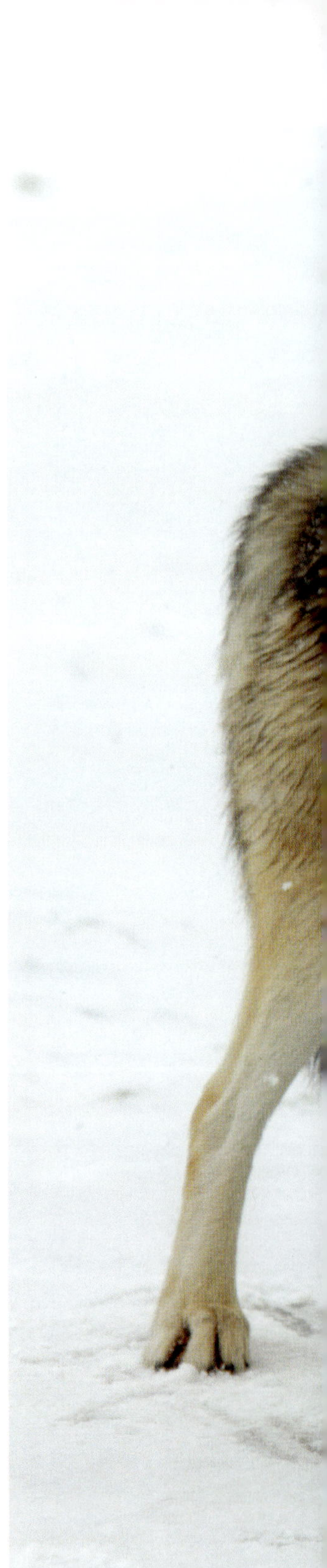

Feste Verbindung
Wölfe paaren sich – je nach Art und Unterart – in der Regel zwischen Januar und März. Während der Kopulation hängen die Tiere aneinander. Sie wirken in dieser Phase sehr verletzlich, können aber notfalls sogar zusammen herumlaufen.

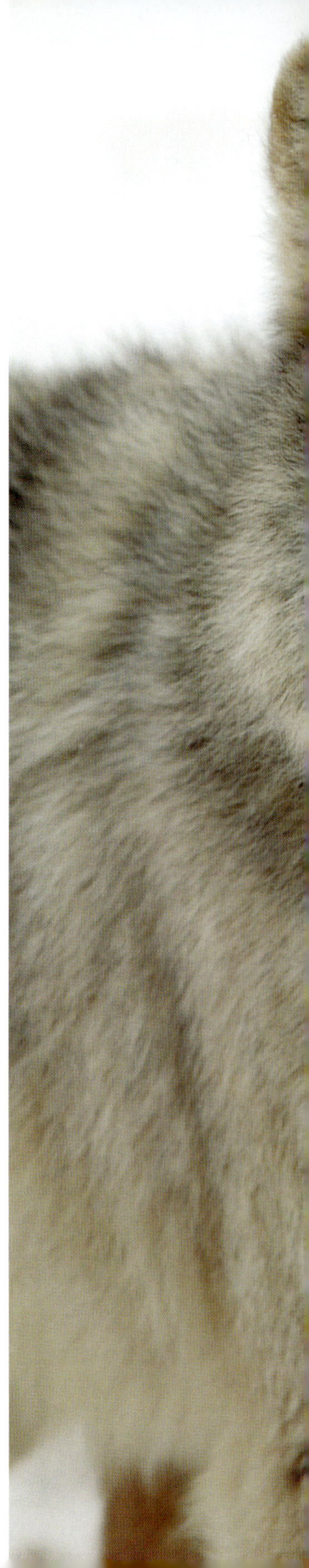

Dauerhafte Partnerschaft

Die enge Bindung zwischen den Alphatieren garantiert beiden Sicherheit und Schutz. In der Regel bleibt das Paar ein Leben lang zusammen. Wenn einer der beiden stirbt, sucht sich der andere einen neuen Partner.

Nur kurz empfängnisbereit
Im Unterschied zu Haushündinnen werden Alphawölfinnen nur einmal pro Jahr für 7 bis 21 Tage läufig. Die Zeit, in der die Paarung stattfindet, ist mit vier bis sieben Tagen sogar noch deutlich kürzer als bei Hunden.

Inniger Kontakt

Während der Ranzzeit verbringt das Alphapärchen viel Zeit miteinander. Diese europäischen Wölfe (oben) rasten gemeinsam in einer Waldgegend. Das nordamerikanische Paar (links) auf dem Eis wird von einem zukünftigen Babysitter begleitet.

Kinderstube in Wassernähe

Wölfe leben immer in der Nähe von Wasserstellen. Hier legt das Alphaweibchen auch bevorzugt den Bau für die Welpen an, denn es weiß, dass es während der Säugephase der Jungen seinen erhöhten Flüssigkeitsbedarf stillen muss.

Mehr Ruhe nötig

Die Tragzeit dauert 60 bis 63 Tage. Gegen Ende dieser Zeit sieht man das Alphaweibchen häufiger ruhen. Es sammelt Kräfte für die kommenden Wochen.

Gute Aufstiegschancen

Während der Tragzeit bemüht sich jedes Rudelmitglied um ein tadelloses Verhalten. Alle versuchen das Alphapärchen zu beeindrucken, um den begehrten Job als Babysitter zu ergattern.

Kindermord

Rivalisierende Rudel zeigen ein ausgeprägtes Territorialverhalten. Bei Angriffen werden Welpen als zukünftige Konkurrenten um das Revier angesehen und in der Regel getötet. Es wurden aber auch schon Rudel beobachtet, die verwaiste Welpen aufzogen, um das eigene Rudel zu verstärken.

Sichere Zuflucht

Die Wahl der Wurfhöhle ist für das Überleben der Welpen von höchster Bedeutung, denn die meisten Feinde der Wölfe sind in der Lage, den Bau freizugraben. Deshalb befindet er sich meist unter einer harten Oberfläche, etwa einem Felsen, oder unter einem Baum, der zusätzlichen Schutz bietet.

Leichte Beute für den Feind

Kleinere Raubtiere wie Kojoten stellen keine Gefahr für ausgewachsene Wölfe dar. Sie würden aber, ohne zu zögern, einen Welpen oder sogar einen ganzen Wurf töten, wenn er unbewacht von erwachsenen Wölfen bliebe.

Erwachsenenbildung
Alphawölfe geben von Zeit zu Zeit Auffrischungsunterricht, etwa in Gleichgewichts- und Vertrauensübungen, um sicherzustellen, dass jeder Wolf weiß, wie er sich gegenüber den leicht beeinflussbaren Welpen zu verhalten hat.

In den ersten vier bis fünf Wochen haben die Jungen ausschließlich Kontakt zu ihrer Mutter. Sie säugt sie im Bau und bietet ihnen damit Futter, Sicherheit und Wärme, die drei zum Überleben wichtigsten Komponenten.

Blind und taub bei der Geburt

Wolfsjunge werden blind und taub geboren. Sie erkennen und finden die Zitzen ihrer Mutter nur nach dem Geruch. Im Alter von 10 bis 13 Tagen öffnen sie die Augen, die zunächst blau sind und später goldbraun werden.

Riskante Neugier

Manchmal siegt die Neugierde, und der Babysitter wirft in Abwesenheit des Alphaweibchens einen raschen Blick auf seine zukünftigen Schützlinge. Dies ist allerdings riskant, denn die Mutter duldet keinerlei fremden Kontakt zu den Welpen, bis sie selbst den Zeitpunkt bestimmt, wann sie sie dem Rudel vorstellt.

Fulltimejob

Während der ersten Wochen, die die Jungen mit der Mutter im Bau verbringen, werden diese von einem der Babysitter bewacht. Diese widmen sich ausschließlich der Sicherheit und Erziehung der Jungen und geben die Aufgabe erst ab, wenn das Alphaweibchen sie davon entbindet.

Erster Blick nach draußen
Mit vier bis fünf Wochen wagen sich die Welpen zum Eingang des Baus vor. Sie entwickeln sich so schnell, dass sie sich nach weiteren zwei Wochen bereits in einem Radius von einem Kilometer um den Bau bewegen.

Geschmackstest

Die Welpen erkunden ihre Umgebung, indem sie alles in ihr Maul nehmen und auf seine Tauglichkeit als Nahrung prüfen. Erwachsene Wölfe beobachten das Treiben und greifen notfalls ein.

Chorprobe

Die Welpen hören mit Interesse zu, wenn das Rudel heult, und versuchen schon mit drei bis vier Wochen, in den Chor einzustimmen. In der Regel heulen zuerst die dominanten Welpen, doch bald schon beteiligen sich alle Jungtiere am Geheul.

Benimmtraining für die Welpen

Schon im Bau macht das Alphaweibchen die Welpen mit dem Geruch anderer Rudelmitglieder vertraut. Die Mutter zeigt ihren Jungen, wie sie sich dem jeweiligen Rang gegenüber verhalten müssen.

Die ersten Wochen
In den ersten vier bis fünf Lebenswochen haben die Welpen ausschließlich Kontakt zu ihrer Mutter.

Halbfeste Kost

Wenn die Jungtiere entwöhnt werden, erhalten sie vorverdautes Futter, das die erwachsenen Wölfe auswürgen. Sobald die Zähne der Jungen hervorgebrochen sind, wird diese Kost durch feste Nahrung ersetzt.

Wenn die Welpen sich an feste Fleischbrocken gewöhnt haben, stehlen die Babysitter ihnen häufig Futter, um ihnen beizubringen, wie sie es verteidigen müssen.

Wegnehmen verboten!
Diese Welpen haben bereits Routine darin entwickelt, das richtige, ihrem Rang angemessene Futter zu fressen. Auch haben sie gelernt, ihr Futter durch eine entsprechende Körperhaltung und durch Knurren zu verteidigen.

Auf geht's zur Jagd!
Wölfe sind in Vollmondnächten besonders aktiv und heulen dann unablässig. Dies hat nichts mit Teufelei zu tun, wie man früher dachte, sondern eher damit, dass das helle Mondlicht die Jagdchancen der Tiere erhöht.

Verteidigungstaktik
Die Jungwölfe lernen, ihr Anrecht auf Futter nach der Jagd durch Körperhaltung und Knurren geltend zu machen. Auf größere Entfernung geschieht dies auch mit tiefem Heulen.

Die ersten sechs bis neun Monate im Leben junger Wölfe sind am gefährlichsten. Viele Jungtiere sterben an Hunger oder weil sie ihren Feinden zum Opfer fallen. Zu diesen zählen Menschen, Raubtiere wie Bären und Pumas sowie große Greifvögel.

Kräftemessen
Drei junge Wölfe zerren an einem Stock und trainieren damit ihre Fähigkeiten. Der Betawelpe hat einen Kräftevorteil, doch die kleineren Welpen sind dafür schneller und flitzen mit dem Spielzeug davon, sobald der kleine Kraftprotz loslässt.

Spielerische Verfolgungsjagd

Wenn Welpen zusammen spielen, führen sie häufig Scheinjagden durch. Sie beißen sich gegenseitig in die Hinterläufe und rennen sich hinterher. Auf diese Weise üben sie Jagdtechniken für die Zukunft ein. Der Babysitter beteiligt sich häufig an der wilden Hatz.

Training für die Zukunft

Durch spielerische Kämpfe lernen die Jungtiere alles, was zum Überleben des Rudels notwendig ist. Sie üben Jagdtechniken wie das Anpirschen, wobei einige Tiere sich zwischen Bäumen verstecken und sich auf ihre Altersgenossen stürzen, sobald diese sich nähern.

Erziehung durch Spiel
Das Spiel ist lehrreich und stärkt zugleich die Familienbande. Manchmal nehmen Wölfe Knochen oder Stöcke ins Maul und veranstalten damit eine Art Verfolgungsstaffel.

SCHUTZMASSNAHMEN

Wölfe waren früher einmal so weit verbreitet wie kein anderer Säuger – vom Menschen einmal abgesehen. Man fand sie in Nordamerika von Alaska bis Mexiko und in weiten Teilen Eurasiens. Als man die Tiere im Washingtoner Artenschutzabkommen 1973 schließlich unter Schutz stellte, waren sie aus den südlich Kanadas gelegenen US-Staaten bereits mit Ausnahme einiger hundert Exemplare in Minnesota und einiger Wölfe auf der Isle Royale in Michigan verschwunden. In ähnlicher Weise wurden die Wölfe im Laufe des 19. und 20. Jahrhunderts in Nord- und Mitteleuropa ausgerottet.

Die Regierungen vieler Länder trugen maßgeblich zum Aussterben der Art bei, da sie eine Belohnung für jedes tote Tier versprachen. Legaler Abschuss und Prämien waren in Europa, Kanada und den USA lange Zeit weit verbreitet. Doch während diese gezielte Bestandsreduzierung eigentlich die Größe der Population kontrollieren sollte, hatte sie vielerorts häufig genau den entgegengesetzten Effekt: So kann der Tod von Rudelmitgliedern zu regelrechten Panikpaarungen führen.

Auf der Roten Liste der IUCN (Weltnaturschutzunion) werden Wölfe als stark gefährdete Tierart geführt. In den USA gelten sie als gefährdet, nur in Minnesota sind sie als potenziell gefährdet eingestuft. Obwohl Wölfe in manchen Ländern, wie etwa Russland, noch immer gejagt werden, unterliegen sie vielerorts strengen Schutzbestimmungen: in den USA dem Washingtoner Artenschutzabkommen, in Europa der Berner Konvention.

In Mittel- und Westeuropa gewinnen die Wölfe langsam wieder an Boden. In Deutschland, Finnland, Frankreich, Griechenland, Italien, Norwegen und Schweden gibt es wieder kleine Populationen in freier Natur. Auf der Iberischen Halbinsel leben rund 2000 Exemplare des Iberischen Wolfs, einer Unterart. Abgesehen von den portugiesischen Populationen leben die meisten Wölfe

in Nordspanien unweit dicht besiedelter Gebiete. Leider haben schwere Waldbrände in der letzten Zeit große Teile ihres natürlichen Lebensraums zerstört.

In Nordamerika findet man den Wolf noch in 90 Prozent des ursprünglichen Lebensraums in Kanada: Sein Bestand wird auf 52 000 bis 60 000 Exemplare geschätzt. Auch in den USA haben sich die Populationen inzwischen wieder vergrößert. Heute leben etwa 2700 Wölfe in den Staaten südlich Kanadas und 6000 bis 8000 Wölfe in Alaska. Hierzu haben unter anderem verschiedene US-amerikanische Wiederansiedlungsprogramme beigetragen. Der Rotwolf *(Canis rufus)*, eine eigenständige Art, die um 1980 im Südosten der USA ausstarb, wurde in Teilen ihres früheren Verbreitungsgebiets erneut heimisch gemacht. Hier gibt es mittlerweile wieder rund 100 Tiere. Mexikanische Wölfe *(Canis lupus baileyi)* bilden in New Mexico und Arizona elf Rudel, und eine weitere Unterart des Wolfs, der Timber- oder Amerikanische Grauwolf *(Canis lupus lycaon)*, verbreitet sich von Minnesota allmählich nach Michigan und Wisconsin. Auch wächst die Zahl der Wölfe in den nördlichen Rocky Mountains, und zwar in den Bundesstaaten Montana, Idaho und Wyoming. Natürlich gelingt die Wiederansiedlung nicht völlig konfliktfrei, denn in einigen Fällen haben Wölfe Vieh angegriffen und mussten wieder umgesiedelt werden.

Man weiß inzwischen, dass die Nachkommen eines Rudels benachbarte freie Reviere besetzen. Sie tragen somit auch dazu bei, die Überlebenschancen der bereits etablierten Rudel zu vergrößern, indem sie flüchtender Beute den Weg abschneiden. Untersuchungen zeigen, dass häufig gerade diese Ausbreitungsbewegungen der Wölfe zu Problemen führen, weil die Tiere neue Reviere suchen und dabei Farmen und Ranches zu nahe kommen. Andererseits verhindern sie die Inzucht. In der Vergangenheit besetzten Wolfsrudel oft Gebiete von mehreren hundert Quadratkilometern. Die Paarung von

Tieren aus unterschiedlichen Rudeln sorgte für die wichtige genetische Variation. Heute sind die Reviere vieler Rudel kaum größer als 80 bis 100 Quadratkilometer, und es ist schwerer geworden, die genetische Variation für zukünftige Generationen zu sichern.

Dank zahlreicher Verhaltensstudien ist heute viel mehr als früher über das Leben und Verhalten von Wöl-

fen bekannt. Ebenso ergibt sich ein klareres Bild von ihrer hohen Intelligenz. Nur auf der Basis dieser Kenntnisse wird es allmählich gelingen, Strategien zum friedlichen Zusammenleben von Wölfen und Menschen zu entwickeln.

Die meisten Maßnahmen, die darauf abzielten, Wölfen den Zugriff auf Vieh zu verwehren, sind fehlge-

Wölfe auf Fischfang

Die Ausdehnung von Städten und landwirtschaftlichen Nutzflächen schränkt den Lebensraum der Wölfe drastisch ein und führt dazu, dass es an Beute mangelt. Die Wölfe müssen nach alternativen Nahrungsquellen wie Fischen suchen. In großen Mengen verzehrt, bringt Fisch allerdings die soziale Ordnung des Rudels durcheinander, da alle Mitglieder dann identisch riechen.

1995 führte man Wölfe aus Kanada im Yellowstone-Nationalpark ein. Heute leben hier 16 Rudel, und Forscher verzeichnen bereits positive Auswirkungen auf das gesamte Ökosystem.

schlagen. Wölfe können einfache Zaungatter öffnen, und Wachhunde werden von ihnen immer wieder ausgetrickst. So weiß man von Rudeln, die ein Weibchen vorausschicken, das vorgibt, läufig zu sein. Es lenkt die Aufmerksamkeit des Hütehundes auf sich, bis das übrige Rudel erscheint und den Hund tötet, um sich ungehindert Zugang zum Vieh zu verschaffen.

Wachhunde würden abschreckender auf Wölfe wirken, wenn sie farbliche Markierungen im Gesicht und auf der Schnauze, Stehohren, einen langen Schwanz und lange Nackenhaare hätten. Würde man Hütehunde darauf trainieren, sich unter die Schafe und Rinder zu mischen, würden die Wölfe sie möglicherweise als Leittiere der Herden ansehen.

Inzwischen trägt auch der Ökotourismus viel zum Schutz der Wölfe bei. Interessierte Touristen zahlen dafür, die Tiere in freier Natur zu beobachten und zu fotografieren. Die Einheimischen organisieren umweltverträgliche Programme und verdienen damit ihren Lebensunterhalt, während sie zugleich für den Schutz der Natur sorgen. Die Erträge aus der Tourismusindustrie stellen eine vernünftige Alternative zu den Gewinnen dar, die früher durch die Jagd erzielt wurden.

So scheint sich für die Wölfe allmählich alles zum Guten zu wenden, nicht zuletzt dank der Bemühungen zahlreicher Organisationen, die sich weltweit für das Überleben der Wölfe einsetzen. Einige Institutionen halten in Gefangenschaft aufgezogene oder gerettete Wölfe, um ihr Verhalten zu untersuchen und interessierte Besucher zu informieren. Die Einnahmen verwenden sie für Schutz- und Auswilderungsprogramme.

1995 führte man Wölfe aus Kanada im Yellowstone-Nationalpark ein. Heute leben dort 16 Rudel, und man konnte bereits positive Auswirkungen auf das gesamte Ökosystem feststellen. Die Überpopulation an Elchen wurde halbiert, wordurch sich viele Baumarten erholen konnten. Da wieder mehr Futter zur Verfügung steht,

kehrten Biber in das Gebiet zurück. Die von den Wölfen gerissene Beute lockte Aasfresser wie Grizzlybären, Raben und Greifvögel an. Es bleibt abzuwarten, wie der Wolf als Spitzenraubtier im Lauf der Zeit das Ökosystem des Nationalparks verändert.

1996 wurde die „Yellowstone to Yukon Conservation Initiative" gegründet. Das ehrgeizige Langzeitprojekt zielt auf einen Zusammenschluss von Naturschutzgebieten und Nationalparks ab und will zu diesem Zweck Korridore in den Rocky Mountains schaffen. Die Tiere erhalten dadurch die Möglichkeit, sich großräumig zu bewegen und fortzupflanzen. Auf diese Weise soll ein riesiges Netz von Ökosystemen entstehen.

Haustiere als Beute
Weil ihr Lebensraum schwindet und immer mehr Wälder abgeholzt werden, bleibt den Wölfen manchmal nichts anderes übrig, als Rinder oder Schafe auf Ranches oder Weiden zu reißen.

Vom Aussterben bedroht

Der Rotwolf (oben) ist die am stärksten bedrohte Spezies aus der Familie der Hundeartigen (Canidae) und wurde bis zur Ausrottung gejagt. 1980, kurz bevor man ihn in freier Wildbahn für endgültig ausgestorben erklärte, fing die US-amerikanische Wild- und Fischereibehörde 14 Rotwölfe und züchtete sie in Gefangenschaft. Ende 1987 hatten sie so viele Nachkommen zur Welt gebracht, dass man ein Auswilderungsprogramm starten konnte. Heute leben rund 100 Rotwölfe in freier Natur.

In New Mexico und Arizona bilden Mexikanische Wölfe elf Rudel.

Überlebende Wölfe in Europa

Wölfe meiden die Nähe zum Menschen, soweit es geht. Da diese sich aber immer weiter ausbreiten und dadurch die Reviere und Jagdmöglichkeiten der Wölfe stärker einschränken, müssen Wölfe zuweilen auf der Suche nach Futter bis in die Städte vordringen. Vor allem die Reviere der europäischen Wölfe (links) sind viel kleiner als jene der nordamerikanischen, und die Rudel umfassen weniger Mitglieder. Sie haben nur in einigen entlegenen, dicht bewaldeten Bergregionen überlebt.

Mexikanische Bastion

Der Mexikanische Wolf lebte ursprünglich in den Bergregionen Zentralmexikos und gilt heute als stark gefährdete Unterart. Mittlerweile wurden in Gefangenschaft aufgezogene Wölfe ausgewildert, die sich im Westen von New Mexico ausgebreitet haben.

Wertvolles Beobachtungsobjekt
Obwohl Wölfe in den meisten europäischen Ländern unter Schutz stehen, gibt es immer noch Jäger, die es als Sport betrachten, Wölfe abzuschießen. Dafür sind sie sogar bereit, hohe Summen auszugeben. Seit der Ökotourismus an Bedeutung gewinnt, zahlen jedoch immer mehr Menschen dafür, Wölfe in freier Natur zu beobachten. Damit unterstützen sie Schutzprogramme und machen einheimischen Geschäftsleuten klar, dass es sich lohnt, die Wölfe am Leben zu lassen.

Der Ökotourismus ist ein modernes Phänomen, bei dem interessierte Menschen dafür zahlen, dass sie Wölfe in deren natürlichem Lebensraum beobachten oder fotografieren dürfen.

Vom Aussterben bedroht
In England starb der Wolf um 1486, in Schottland 1743 und in Irland 1773 aus. Auch aus anderen europäischen Ländern verschwanden die Raubtiere, doch inzwischen wurden sie in neun Staaten wieder angesiedelt.

REGISTER

Alphapärchen 38, 52, 61, 77, 203, 206
Alpharüde 34, 36, 52, 187, 191
Alphatiere 34, 36, 38f., 46, 61, 111, 183
Alphaweibchen 16, 34, 36, 42, 52, 106, 108, 110f., 117, 121, 180, 182, 184f., 191, 204, 206, 216, 226
Alphawölfe 20, 36f., 38, 40, 37, 39, 42, 61, 81, 146, 213
Alphawölfin 106, 108, 112, 182, 187, 191
Amerikanischer Grauwolf 34, 248
Äsop, Fabeln über Wölfe 24
Äthiopischer Wolf 180
Babysitter 16, 40, 42, 77, 163, 178, 182, 184f., 203f., 206, 214, 216, 234, 243
Berner Konvention 246
Betawölfe 38, 40, 42f., 91, 111, 160, 164
Canis lupus baileyi siehe Mexikanischer Wolf
Canis lupus lycaon siehe Amerikanischer Grauwolf, Timberwolf
Canis rufus siehe Rotwolf
Der lügenhafte Hirte 24
Direwolf 34
Dschungelbuch, Das (Kipling) 10
Europäischer Wolf 31, 253, 255
Füchse, Verzehrer von Beuteresten 111, 176
Gévaudan, Bestie von 12
Hl. Franziskus und der Wolf von Gubbio 25f.
Iberischer Wolf 246f.
Indianer 20, 22, 106
  Blackfoot 22
  Lakota 20
  Nez Percé 6
  Pawnee 22
  Schoschonen 20
Indianerkulturen 12, 14, 20, 22, 28
IUCN (Weltnaturschutzunion) 246
Jäger (Spezialisten im Rudel) 40, 42, 96, 106
Kinder, von Wölfen großgezogen 10
Lykanthropie 25
Mexikanischer Wolf 248, 253
Mittlere Ränge 40, 44f., 54
Nahrungskonkurrenten
  Bären 178f., 250
  Kojoten 111, 177, 211
Ökotourismus 250, 255
Omegawölfe 40, 42f., 66, 70, 146
Raben, Verzehrer von Beuteresten 111, 250
Romulus und Remus, Legende von 10
Rotkäppchen 10
Rotwolf 34, 248, 253
Schutz- und Informationsprogramme 250
Timberwolf 248
Tollwut 12
Verwandlung Mensch-Wolf 22
Wachhunde 249f.
Washingtoner Artenschutzabkommen 246
Weißkopfseeadler, Verzehrer von Beuteresten 178
Werwölfe 24f.
Wölfe
  Angriffe auf Menschen 12
  Angriffe auf Vieh 248
  Bau 204, 211
  Beute 13, 106, 108, 111, 120, 124, 134, 152, 154, 156
  Bindungen 46, 71, 81, 170
  Duftmarken 25, 36, 91
  Elternschaft 10, 145, 152
  Fortpflanzung 180, 182, 187f., 194, 201
  Gefährdungsstatus 246
  Gefahren bei der Jagd 17, 128f.
  Geruchssinn 20, 108, 139
  Geschwindigkeit 98, 100
  Heulen 38, 40, 43, 50, 52, 54, 56, 58, 61, 143, 145, 222, 237f.
  Horrorgeschichten 19
  Hörvermögen 20, 63, 139
  Intelligenz 103, 110, 249
  Jagdtechniken 20, 110, 120, 130, 132, 136, 152
  Kauen von Holz 168
  Kommunikation 34, 73
  Nachtaktivität 27
  Nackenhaare 36, 39
  Nahrung (siehe auch Beute) 152, 168, 172, 232, 249
  Pelz 82, 87, 89
  Pflege 81, 246
  Populationen 246, 248
  Rang im Rudel 36, 38, 160
  Ranzzeit 180, 183, 203
  Revier 75, 93, 248
  Rivalität im Rudel 209
  Rudelgröße 34, 75, 77, 79
  Sehvermögen 63, 175
  Spielen 46, 111, 170, 240ff.
  Spuren lesen 118
  Tarnung 89
  Verstecken von Futter 108, 111, 117, 163
  Welpen 16, 182, 184f., 214, 218ff., 230ff., 234, 238, 240f., 243
  Wiedereinführungsprogramme 248, 250
Wolf Pack Management, Großbritannien 6
Wolf Park, USA 8
Yellowstone-Nationalpark, USA 8, 250
Yellowstone to Yukon Conservation Initiative 250